Birgitta K. Edelmann

Zughunde-training

Canicross – Bikejöring – Scooter – Trike

2. Auflage

Oertel+Spörer

Bildnachweis
Titelbild: Oliver Hallmaier
Innenteilbilder:
Helmut Dietz S. 8
Judith Federmann S. 39, 64 r., 78, 81
Michael Funk S. 114
Frank Godulla S. 7, 46, 71
Oliver Hallmaier S. 11, 21, 24, 25, 47, 54, 55 u., 56 (2), 58, 60 (2), 62, 67, 70, 74 (6), 77, 83, 94 l., 98 (2), 99, 100 (2), 101, 102 o., 111, 112, 113, 122
Harald Kreuzer S. 29, 49 o., 89, 92, 94 r., 102 u.
Anna von Moy S. 3, 72
Michael Oppel S. 22, 31, 50, 97
Markus Platzbecker S. 87, 121 l.
Uwe Radant S. 103
Petra Ruge S. 43 o., 51, 52, 68
Vroni Schönhaar S. 19, 45, 90
Cathrin Wiartalla S. 55 o., 93
Karin Widmaier S. 123
Alle anderen Bilder von Thomas Edelmann.
Grafiken: Uwe Radant

Haftungsausschluss
Die Hinweise in diesem Buch wurden von der Autorin sorgfältig recherchiert und geprüft. Es können jedoch keinerlei Garantien übernommen werden. Eine Haftung der Autorin bzw. des Verlags und seiner Beauftragten für Personen-, Sach- und Vermögensschäden ist ausgeschlossen.

Bibliografische Information der Deutschen Nationalbibliothek
Die Deutsche Nationalbibliothek verzeichnet diese Publikation in der Deutschen Nationalbibliografie; detaillierte bibliografische Daten sind im Internet über http://dnb.d-nb.de abrufbar.

Postfach 16 42 · 72706 Reutlingen
2. Auflage.
Lektorat: Dr. Gabriele Lehari
DTP und Repro: raff digital gmbh, Riederich
Druck und Bindung: Oertel+Spörer Druck und Medien-GmbH+Co., Riederich
Printed in Germany, ISBN 978-3-88627-863-3

Inhalt

Geleitwort von Uwe Radant 8

Einführung 10
Geschichte und Entwicklung des Schlittenhundesports 11
Definition Zughundearbeit 13

Warum Laufhundesport? 16
Das soziale Lauf-Raub-Tier 16
Was bedeutet das für die Praxis? 19

Der Hund für den Zughundesport 21
Welcher Hund eignet sich? 21
Voraussetzungen 23
Die Gesundheit des Hundes 24
Die richtige Ernährung 26
Futter 26
Wasser 27

Der Mensch beim Zughundesport 29
Voraussetzungen 29
Körperliche Fitness 29
Gleichgewichtssinn 30
Wetterfestigkeit und Schmutztoleranz 30
Kostenfrage 30
Konvention 31
Sicherheit 31

Ausrüstung und Packliste 32
Der Bauchgurt (Canicross-Gürtel) 32
Das Lauf- oder Zuggeschirr 34
Leinen 38
Das Anspannen 39
Für einen Hund 39
Für zwei Hunde 39
Für drei Hunde 41
Panicsnap 43
Die Bike-Antenne 44
Booties 44

Mit einem Fahrzeug oder zu Fuß? 45
Canicross 45
Roller – Scooter 47
Mountainbike – Bikejöring 48
Dreirad – Trike 51

Worauf beim Training zu achten ist **53**
Pfoten und Krallen. 53
Temperatur 54
Warm-up. 56
Wirbelsäule und Rückenmuskulatur 57
Hinterhandmuskulatur. 57
Übung zur Fokussierung. 57
Cool-down 57
Das Training. **59**
Erste Praxisübungen noch statisch 60
Übung 1: Geschirr anziehen 60
Übung 2: Dem Zug standhalten 61
Übung 3: Kleines Line Out (und Steh) 62
Übung 4: Signal „Line out“ und „Okay“ oder „Go“ für Loslaufen . . . 63
Basisübungen in der Bewegung 65
Vorbereitung zur Jagdsequenz 65
Übungen in der Bewegung ohne Fahrzeug 66

Trainingsumgebung und -strecke **68**
Das Klassenzimmer des Zughundetrainings 68
Trainingsstrecke 69

Übungen mit dem Fahrzeug und Signaltraining **73**
Loslaufen 73
Langsamer werden und Stoppen. 73
Weitere Signale 75
Abbiegen: Gee (rechts) oder Haw (links). 75
Ausweichen: Außen 76
Vorbeigehen/Weitergehen bei jeglicher Ablenkung. 77
Stehen bleiben ohne Zug 78
Vokabelheft der Signale 78
Einüben der Signale auf der Trainingsstrecke 79

Sicherheit und Fahrtraining **81**
Fahrtraining ohne Hund 81
Gezieltes Bremsen 81
Fahrtraining mit Hund im Freilauf 82
Erste Hilfe. 84
Der Sturz 84

Der erste fremde Trail **85**
Rituale vor und beim Start am Beispiel Bikejöring 85
Auf der Strecke 86
Rituale am Ziel 88

Weitere Möglichkeiten für Fortgeschrittene 89
Der Nachttrail 89
Lauf- oder Fahrertreffs 90
Regionale, nationale und internationale Rennen 90
Better Mushing Seminare 91

Trainingsaufbau für Sportliche 92
Ideen für das Krafttraining 92
Ideen für die Beweglichkeit 93
Ideen zur Gripsgymnastik 94
Ideen für das Ausdauertraining 94
Einstieg: In vier Wochen vom Gassi-Geher zum LUZL-Läufer 95
Ihre Trainingsdokumentation 96
Das Fahren oder Laufen mit zwei Hunden 97
Groß und Klein 97
Jung und Alt 98

Zughundesport für Kinder 99
Voraussetzungen und Praxistipps 101

Chefsache – Führen und Folgen 103
Aufmerksamkeit und Respekt 104
Freiraum zulassen und eingrenzen 105
Praxisübung: Führen und Folgen 106
Leinenführigkeit 110
Zughundetraining für Hunde mit Problemverhalten 111

Die Entspannung auf Signal 113
Training eines konditionierten Entspannungssignals 113
Vorbereitung 113
Übung mit Wortsignal 114
Übung mit taktilem Signal und Unterstützung des Menschen 115
Gründe für Entspannung 116

Summertime-Blues 118

Tierschutz und Rechtliches 120
Recht 121

Anhang 123
Anmerkung zu den Bildern 123
Danke 124
Begriffslexikon 125
Links 128

Ein guter Anfang braucht Begeisterung – ein gutes Ende Disziplin!

(Oliver Bierhoff, Manager der deutschen Fußballnationalmannschaft
im Film „Die Mannschaft“)

Geleitwort von Uwe Radant

Vom Einhundbesitzer zum Weltmeister im Zughundesport – dass es einmal so endet, hätte ich mir damals nicht träumen lassen.

Die Liebe und die Begeisterung über die Athletik der „Fellnasen" ist eine Voraussetzung – die andere ist eine gute Ausbildung, ein gutes Equipment und eine kontrollierte Praxis in der Ausübung unseres Sports.

Der Zughundesport ist facettenreich. Unabhängig ob zu Fuß, mit dem Fahrrad, auf dem Dogscooter, dem Trainingswagen oder auf dem Schlitten – es macht immer Spaß. Aber man kann auch viel falsch machen und schnell schleichen sich Fehler ein, die dann schwer zu korrigieren sind.

Der Partner Hund möchte behutsam an den Sport herangeführt werden, denn genau wie Sie muss auch er zuerst lernen. Unsere vierbeinigen Partner brauchen einen Anführer, einen Chef, der aber gleichzeitig bester Freund ist und natürlich auch die ersehnten Streicheleinheiten gewährt. Außerdem möchte der Hund beschäftigt werden, er braucht eine Aufgabe. Bleibt dies aus, beschäftigt er sich selbst und das ist häufig nicht im Sinne des Besitzers.

Uwe Radant – vom Einhundbesitzer zum Weltmeister im Zughundesport!

Man schätzt, dass in unserer modernen Zivilisation nur noch etwa 10 % aller Hunde eine Aufgabe haben, die sie auslastet. Zughundesport zählt dazu!

Dieses Training ist eine hervorragende Art zur Teambildung von Mensch und Hund und nach getaner Arbeit in freier Natur stellt sich auf beiden Seiten der Leine ein Wohlbefinden ein. Das gegenseitige Verständnis und die Zusammenarbeit werden entscheidend gestärkt. Hunde, die behutsam an die neue Aufgabe herangeführt werden, Zeit haben, ihren neuen Job zu erlernen und sich damit zu identifizieren, kümmern sich nicht um entgegenkommende Artgenossen oder kreuzendes Wild.

Für meine Hunde ist der Lauf von Start zum Ziel ähnlich der Jagd auf einen imaginären Hasen, bei dem der angeborene natürliche Jagdtrieb befriedigt wird, und zwar völlig zivilisiert auf öffentlichen Wegen.

Viele Tipps gibt es hier im Buch. Schauen Sie rein und lassen Sich begeistern. Für mich ist Schlittenhundesport längst kein Hobby geblieben, es ist ein Lebensgefühl. Und Vorsicht, es ist ein unheilbares Virus, das einen nie mehr loslässt.

Mit sportlichem Gruß
Uwe Radant
Welt-, Europa- und Deutscher Meister im Schlittenhundesport

Einführung

Zughundetraining, auch Laufhundearbeit oder -training genannt, ist die „zivilisierte oder europäisierte" Form des ursprünglich aus Alaska stammenden Off-Snow-Training des Schlittenhundesports. Diese Variante ist ideal für Ihren Freizeitbereich und für Ihren Familienhund.
Keine andere Hundesportart fasziniert die Menschen so sehr wie der Schlittenhundesport. Dies belegt, dass die Klassiker von Jack London auch heute noch fast jeder Hundebegeisterte gelesen hat. Ebenso beliebt sind die zahlreichen Verfilmungen oder die neuzeitlichen Berichte von den großen Rennen und den Hund-Mensch-Teams, die sich immer wieder diesen Herausforderungen stellen. In neuester Zeit entwickeln sich die offiziellen Rennen und Veranstaltungen der Verbände immer mehr zu Publikumsmagneten. Und auch im Freizeitbereich sieht man immer öfter Hundegespanne ihre Runden drehen.

Mit Zughundetraining hat jedermann die Möglichkeit, ein wenig von dieser Faszination selbst mit seinem Familienhund zu erleben. Unabhängig von Rasse, Wohnbedingungen oder Klima – es muss kein kaltschnäuziges, ringelrutiges, nordisches Rudel im tiefen Schwarzwald, Harz, Allgäu oder anderen schneereichen Gebieten Deutschlands sein.
Hier genügen ein oder zwei lauffreudige Hunde, ein durchschnittlich sportlicher Mensch, die Bereitschaft, gemeinsam Neues zu „er-fahren" – und dieses Buch: Es bietet Ihnen die Möglichkeit ein kleines „zivilisierteres" Stückchen des Abenteuers gemeinsam mit Ihrem Hund zu trainieren – jetzt!
Ein bisschen Alaska ist überall!

Traditionell wird der Schlittenhundeführer als Musher bezeichnet, dies handhabe ich auch im Buch so, oder ich bezeichne den Hundeführer bzw. -besitzer auch der Einfachheit halber oft als Mensch – dies ist keineswegs respektlos gemeint. Während meiner Arbeit am Buch schien es mir oft das Einfachste und gleichzeitig Präziseste, um eine Situation klar darzustellen.
Zu Beginn des Buches ist mir der Hinweis wichtig, dass kein Fachbuch die praktische Arbeit mit einem guten und erfahrenen Trainer ersetzt. So einzigartig wie Sie und Ihr Hund sind, so einzigartig sollte auch Ihr Trainingsaufbau gestaltet sein. Daher ist dieses Buch als Impulsgeber zur Motivation und als Ergänzung zur praktischen Arbeit konzipiert.

Und außerdem bitte ich zu beachten: Hier werden in erster Linie Trainingsmöglichkeiten und Anleitungen für den Einsteiger und Freizeit-Musher gegeben. Ziel ist es, den Zughundesport im Alltag mit einem Familienhund zu integrieren. Falls Sie dann doch zu einem späteren Zeitpunkt in die Sport- bzw. Profiliga wechseln, gestalten sich Trainingsabläufe und -einheiten selbstverständlich anders. Dies ist wiederum abhängig vom Talent und sportlichen Ehrgeiz des Teams. Viele der heutigen Profis haben auch einmal „nur so zum Spaß" und mit einem Hund angefangen.

Alle warten gespannt auf die erste Trainingsstunde.

Geschichte und Entwicklung des Schlittenhundesports

Im Folgenden finden Sie einen Auszug aus dem Dossier „Schlittenhundesport" von Uwe Radant © Akademie für Tiernaturheilkunde:

„Hunde als tierische Fortbewegungs- und Transportmittel stehen dem Menschen seit der Altsteinzeit, also seit etwa 10.000 Jahren zur Verfügung. Es lässt sich lediglich vermuten, dass sie außerdem als Jagdgefährten, als Hütehunde oder schlicht als Nahrungsmittel dienten. Packtaschen, Travois (Schleppen) und einfache Schlitten dürften die technische Grundlage für den Einsatz der ersten Hauscaniden zu Transportzwecken gebildet haben.
In allen Nordlandkulturen, aber beispielsweise auch in europäischen alpinen und Mittelgebirgsregionen ist der Hund in jüngerer Zeit als Transportmittel bekannt. Eine sportliche Komponente bekam die Arbeit der Zughunde in Alaska und Kanada Anfang des 20. Jahrhunderts. Mit Einsetzen des letzten Goldrausches wuchs das Interesse an schnellen, leistungsfähigen und harten Hunden. So ergaben sich die ersten kleineren Rennen, die Gelegenheit zum Wettbewerb, zum Glücksspiel und zur Unterhaltung boten.
Zur gleichen Zeit wurden die letzten weißen Flecken auf der Weltkarte, die Polargebiete, mithilfe von Schlittenhunden erkundet. Das „All Alaska Sweepstakes" in Nome von 1908 gilt als erstes offiziell ausgeschriebenes Rennen. Es fand zwischen

Ob im Grünen ...

Nome und Candle statt und die Streckenlänge betrug 670 Kilometer. Hieraus entwickelte sich eine Reihe weiterer, mit Preisgeldern dotierter Rennen, von denen das North American Championship in Fairbanks noch heute das renommierteste Ereignis der Sprintszene darstellt.

Legendär ist der Serumtransport 1925, bei dem eine Staffel von Postgespannen lebensrettendes Diphtherieserum von Nenana nach Nome transportierte. Der Fahrer Leonhard Seppala übernahm den längsten Abschnitt der insgesamt über 1000 km langen Strecke und ging somit als Ikone in die Geschichte des Schlittenhundesport ein.
In Andenken an dieses Ereignis fand 1973 zum ersten Mal das bekannteste Langstreckenrennen, das Iditarod, mit einer Strecke von gut 1800 km statt.
In Skandinavien entwickelte sich parallel dazu eine eigene Variante des Schlittenhundesports. Hier ziehen ein bis vier Hunde einen Gepäckschlitten, die Pulka. Diesem Gespann folgt der Musher auf Langlaufskiern. Traditionellerweise werden im skandinavischen Raum die üblichen Jagd- und Gebrauchshunde eingespannt.
Mit fortschreitender Entwicklung des Sprintsports entwickelte sich aus den Pulkagespannen das Skijöring, bei dem Hund und Skiläufer direkt über einen Bauchgurt und eine Zugleine verbunden sind.
Über die letzten 10 bis 15 Jahre hat das Training ohne Schnee, das sogenannte Dryland Mushing, einen immer höheren Stellenwert bekommen. Mittlerweile existiert eine eigene spezialisierte Rennszene, deren Ursprünge hauptsächlich in der Schweiz, in Frankreich und in Belgien liegen. Die entsprechenden klimatischen Bedingungen und die gerade für Einsteiger passenden Gespannklassen haben dafür

gesorgt, dass die schneelose Variante immer mehr an Popularität gewinnt. So wurde auch innerhalb der deutschen Verbände Raum für Dryland-Wettkämpfe geschaffen."

Die Geschichte des Schlittenhundesports ist also bereits lang – wir beschäftigen uns in diesem Buch mit dem als „Dryland Mushing" beschriebenen Teil: dem schneelosen Fahren mit einem oder zwei Hunden.

... oder im Schnee – beide Sportarten begeistern Hund und Mensch.

Definition Zughundearbeit

Im Folgenden wird zunächst der Unterschied zwischen Schlittenhundesport und Dryland Mushing beschrieben, wobei es auch viele Parallelen gibt.
Die Grenzen sind fließend und ich fühle mich der Tradition des Schlittenhundesports stets verbunden. Hier durfte ich von den Besten lernen. Laufhundesport ist eine der zahlreichen Formen des Schlittenhundesports – im Grunde genommen die minimalistische Form und für jeden Besitzer eines lauffreudigen Hundes am leichtesten durchführbar.

Beide Sportarten haben einen sehr wichtigen Punkt gemeinsam: Man kann keinen Hund zum Ziehen zwingen – und dies sollten wir auch niemals tun!
Aber den Hund zu motivieren, zu trainieren und dann als echten Teampartner zu haben, um mit vereinten Kräften ein Ziel zu erreichen, das ist der Spirit, der seit jeher die Menschen am Schlittenhundesport so fasziniert. Und bei beiden Sportarten entdecken Sie die Begeisterung am gemeinsamen Bewegen und Erleben in der Natur als Ihre ganz individuelle „Er-Fahrung"!

Zum besseren Verständnis der Entwicklung zum Laufhundesport finden Sie im Folgenden eine Tabelle der beiden Disziplinen im Vergleich.

Schlitten- oder Zughundesport – traditionell und fortschrittlich zugleich

Meist von zwei oder mehreren Hunden, einem Gespann, ausgeführt.

Gezogen wird der Schlitten oder im Sommer ein Trainingswagen oder Quad.

Verwendet werden nordische Hunderassen wie Siberian Husky, Malamute, Grönlandhund, Samojede und Akita Inu oder speziell gezüchtete Mischlinge, die Alaskan Huskys.
In jüngerer Zeit entstanden durch das Einkreuzen von Jagd- oder Laufhunden die sogenannten Hounds oder Greyster. Diese Hunde finden wir fast ausschließlich im Rennbereich.

Das Leben mit Nordischen und/oder Rennhunden erfordert von ihren Menschen meist einen speziellen Lebensstil. Das Leben mit und für ein Rudel Huskys ist fast schon eine Philosophie, nicht selten auch kostspielig und so arbeitsintensiv, dass der Alltag davon bestimmt oder zumindest doch eingeschränkt wird.

Huskys aller Couleur sind dazu gezüchtet und geboren, um zu laufen, und sind auch sonst draußen am besten aufgehoben; ein großes Grundstück mit entsprechenden Außengehegen (Kennels) und Ausläufen kann ihnen nicht jedermann bieten. In der Stadtwohnung und ohne Rudel fühlen sich diese Hunde selten wirklich wohl!

Je nach Trainingstand können Huskys im Team bis zu 80 oder sogar 100 km pro Tag laufen. Dahinter steht ein immenser Zeit- und Trainingsaufwand; etwa 30 km Trainingsstrecke täglich sind dann ein Muss.

Bei Temperaturen über 5 °C werden Rennen zum Teil selbst im Winter abgesagt; Ausdauertraining von Schlittenhunden findet in den Sommermonaten selten oder gar nicht statt. Wenn überhaupt, fährt man frühmorgens oder nachts mit dem Trainingswagen, dem Saccocart oder auch einem Quad. Manche Profis erhalten eine Grundfitness für ihre Hunde, indem sie sie frei am Rad mitlaufen lassen. Sie gehen mit ihnen schwimmen oder lassen sie in großen Ausläufen im Rudel spielen.

Im Winter wird der Schlitten oder der Mensch auf Skatingski gezogen.

Für alle Trainingseinheiten sollte man ein Frühaufsteher oder ein Nachtmensch sein, denn das Training findet meist in den frühen, weil kühlen, Morgenstunden oder abends bzw. nachts statt.

Ein Gespann mit drei oder noch mehr Hunden hat auf jeden Fall genügend Kraft, einen Menschen auf dem Schlitten oder Trainingswagen zu ziehen. Unterstützt wird hier selbstverständlich mit Motivation. Bergauf und an schwierigen Passagen rennt der Musher neben dem Schlitten her und hilft den Hunden, indem er nach Kräften schiebt.

Jeder verantwortungsvolle Musher sorgt für die entsprechende Ernährung und tiermedizinische Versorgung seiner Hunde. Beides ist dann optimal auf die speziellen Bedürfnisse der Tiere abgestimmt. Offizielle Rennen werden immer von einem Tierarzt überwacht.

Tempo, Richtungswechsel und Anhalten wird nur nach Stimmsignalen ausgeführt. Meist gibt es einen oder zwei Hunde im Team, die besonders gut auf den Musher hören und auch die Führer des Rudels sind (Leader). In Extremsituationen vertrauen und folgen den Leadern selbst der Musher und die anderen Hunde.

Dryland Mushing: Zug- oder Laufhundesport – die grüne Variante für den Leistungssportler, aber auch für jedermann mit Familienhund
Kann mit einem oder zwei Hunden durchgeführt werden.
Gezogen wird der joggende Mensch, der Roller (Scooter), das Fahrrad (Bike), das Dreirad (Trike). Manchmal sieht man auch Training auf Skikes.
Kann mit jedem lauffreudigen Hund ab etwa 15 kg durchgeführt werden, nahezu unabhängig von der Rasse. Lernwilligkeit und Lust auf Neues genügen als Voraussetzung. Als besonders geeignet haben sich hier alle Vertreter der Nordischen und der Hütehundrassen erwiesen, ebenso wie sämtliche Vertreter der Vorsteh-, Lauf- und Schweißhunde. Aber auch Vertreter der Gebrauchshunderassen sind sehr verlässliche Partner bei diesem Sport.
Mit etwas Ausbildung, Geduld und Sportlichkeit wird der „vorhandene" Familienhund vielleicht demnächst Gassi mit dem Menschen rollern oder joggen. So ist er, ausgelastet und fröhlich, gut in den Familien- und Berufsalltag integrierbar.
Nach gelaufenem Trail ist der Familienhund in der Regel in der Wohnung oder mit Ihnen im Büro. Entspannt, ausgelastet und ruhig kann er auch mal einige Stunden allein bleiben.
Die große Gassirunde wird durch die Zug- oder Laufrunde, den Trail, ersetzt, und auch das muss nicht täglich sein. Je nach Ehrgeiz und sportlichem Anspruch des Teams stellt Zughundearbeit sogar im Endeffekt eine Zeitersparnis dar, denn mit Bike oder Scooter sind Sie bei gleicher Strecke schneller.
Wir passen unser Training den Wetterbedingungen für einen nahezu ganzjährigen Trainingsspaß an. An Tagen mit höheren Temperaturen beobachten Sie Ihren Hund ständig aufmerksam, um erste Anzeichen einer Überhitzung sofort zu erkennen und das Training abzubrechen.
Wenn es die Schneelage ermöglicht, steigen viele Dryland Musher auf Skating- oder Langlaufski um. Der Kicksledge ist eine Spaßvariante, ebenso wie den unbesetzten Kinderrodelschlitten einen Berg hinauf zu ziehen und dann die Abfahrt gemeinsam mit den Kindern zu genießen.
Die gewohnte Tagesroutine wird wenig beeinträchtigt, aber auch hier ist es empfehlenswert, im Sommer früh auf dem Trail zu sein: Das Naturerlebnis ist ein wunderbarer Start in den Tag.
Das Gewicht eines Menschen auf dem Roller oder Bike wird von einem bis zwei Hunden je nach Größe und Kraft in der Regel gut bewältigt. Selbstverständlich unterstützen wir den Hund immer.
Beim Laufhundetraining hat schon so mancher Familienhund die überschüssigen Pfunde auf der Strecke gelassen – spezielle Ernährung ist selten erforderlich. Ich empfehle aber einen Check beim Tierarzt und gegebenenfalls auch beim Tierphysiotherapeuten, am besten vor Ausbildungsbeginn.
Wir trainieren mit unserem Hund dieselben Stimmsignale wie die Profis und verlassen uns dann auch auf ihn als Leader; daher ist die mentale Belastung für einen einzelnen Hund oft noch größer als im Team. Leader-Qualitäten, bei denen der Hund auf sich allein gestellt ist und z. B. einen verschneiten Trail nachts nur mit dem Geruchssinn finden muss, sind dennoch weniger gefragt, obwohl ich überzeugt bin, dass so mancher unserer Familienhunde dies ebenso gut bewältigen kann.

Warum Laufhundesport?

„Der will nur laufen …" und zwar, weil es die ureigenste Fortbewegungsart ist, sowohl von Hunden als auch von Menschen. Auch mag möglicherweise nicht jeder Hundebesitzer zwangsläufig seinen Vierbeiner mithilfe eines Hundesports körperlich und geistig auslasten. Und nicht jeder fühlt sich wohl in Vereinen oder Hundeschulen. Dass man mit dem Hund in die Natur rausgehen, sich also bewegen sollte, ist ihnen aber bewusst. Dies spielt oft sogar in den Überlegungen, sich einen Hund anzuschaffen, eine entscheidende Rolle. Selbstverständlich halten interessant gestaltete Spaziergänge Hund und Mensch fit. Damit ist gemeint, dass während der gemeinsam verbrachten Zeit möglichst viel Interaktion zwischen Hund und Mensch stattfinden soll.

Im Alltag beobachte ich leider viel zu oft diese Version: Der Mensch steht an der Wiese mit dem Blick auf das Smartphone gerichtet und sein Hund (wenn er frei laufen darf), gräbt ebenso konzentriert in einem Mauseloch oder verschwindet am Horizont. Sobald der Hund wieder da ist oder genug vom Buddeln hat, gehen beide wieder nach Hause.

Oder: Man geht zu denselben Zeiten Gassi wie Lumpi von nebenan, denn beide Hunde spielen ja so gern miteinander und sind nach dem gemeinsamen Toben so schön müde. Selbstverständlich sollte jeder Hund die Möglichkeit zum Freilauf mit sämtlichen damit verbundenen Annehmlichkeiten wie zu buddeln oder mit Artgenossen zu rennen und zu spielen haben, aber dies sollte das gemeinsame Erlebnis mit dem Menschen nicht ersetzen.

Die viel zitierte Bindung oder Beziehung zwischen Hund und Mensch entsteht auf diese Weise nämlich keineswegs. Empfehlenswert ist es, sich auf den einfachsten gemeinsamen Nenner zu besinnen: das gemeinsame Laufen.

DER IDEALE SPORT!

Laufen als Bewegungsform und unter Zug als Aufgabe und Beschäftigung, die auch geistig auslastet, ist daher ideal.

Das soziale Lauf-Raub-Tier

Gründe hierfür liefert uns an erster Stelle die Biologie. Zusammengefasst in einem Satz hat dies der große Kynologe und Verhaltensforscher Eberhard Trumler:
„Der Hund ist ein soziales Lauf-Raub-Tier."
Diese Klassifizierung enthält, Wort für Wort angeschaut, alle guten Gründe, um mit seinem Hund zu laufen. Zum Verständnis nehmen wir diesen Satz genauer unter die Lupe.

Die Bezeichnung **sozial** meint:
Hunde leben und überleben im Rudel, meist bestehend aus einer Kernfamilie, in die verschiedene Tiere zu- und abwandern. Wann die Domestizierung des Wolfes zum Hund stattfand, ist immer noch umstritten. Wissenschaftliche Schätzungen variieren zwischen 15.000 und sogar 130.000 Jahren. Obwohl hier also in jedem Fall ein paar Jährchen zwischen Wolf und Hund liegen, erkennen wir, selbstverständlich entsprechend weiterentwickelt, immer noch diese wölfische Eigenschaft.
Genau genommen war es die ursprüngliche Fähigkeit des Wolfes, soziale Strukturen zu erkennen und sich ihnen ein- bzw. unterzuordnen, die ihn letztendlich zum wertvollsten Haustier und beliebten Begleiter des Menschen gemacht hat. Eine stabile Struktur im Alltag und im Familienrudel ist für den Hund heute noch von großer Bedeutung. Fehlt diese, kommt er in Stress. Daraus können sich zahlreiche Probleme entwickeln.

Die Bezeichnung **Raubtier** meint:
Als Raubtier, besser Beutegreifer, zählt der Hund zu den Carnivoren (Fleischfressern). Zwar frisst er nicht ausschließlich Fleisch, dennoch sollte seine Ernährung großenteils daraus bestehen. Dies erscheint jedem Hundeliebhaber und -besitzer selbstverständlich: Er wird seinen Vierbeiner nicht vegetarisch ernähren! Viele Hundebesitzer bemühen sich sogar mit BARF um eine möglichst ursprüngliche Form der Ernährung.
Im Verhaltensrepertoire eines jeden Hundes entdecken wir bei genauem Hinsehen Formen des Jagdverhaltens (Graben nach Mäusen, Aufscheuchen von Vögeln, Hetzen des geworfenen Tennisballs, Mäuselsprung, Verfolgen einer Duftspur, auch Schnappen nach einer dicken Hummel oder Tot-Schütteln des geliebten Spielzeugs usw.).
Viele Bereiche der Arbeit und Erziehung des Hundes, gleichgültig ob für den professionellen Einsatz oder im Freizeitbereich, bauen auf einem ritualisierten Jagdverhalten auf und lasten den Hund damit vor allem geistig aus (z.B. Dummytraining oder Hütearbeit).

Die Bezeichnung **Lauftier** meint:
Wir unterschätzen das große Laufbedürfnis selbst bei kleineren bis mittelgroßen Hunden. Fragen Sie sich einmal selbst, wie viele Kilometer pro Tag Ihr Hund zurücklegen würde, wenn er mit Ihnen die Aufgabe erfüllen würde, für die er irgendwann einmal vom Menschen gezüchtet wurde, wie der Dalmatiner, der ursprünglich ein eleganter Kutschbegleithund war, oder der immer lustige Beagle, der Meutehund der Fuchsjagd. Und dann ist da noch die große Familie der Hütehundrassen. Wie lang ist die Tagesetappe eines Australian Shepherds, wenn er eine riesige Rinderherde quer durch das australische Outback treibt?

Ein recht beschauliches Hundeleben dagegen führt unser Vierbeiner an der Seite eines Menschen, der berufstätig ist. Unter Termindruck beschränkt sich das Gas-

sigehen während der Woche manchmal zugegebenermaßen auf das Minimum; am Wochenende gibt es dann möglicherweise größere Joggingrunden oder Ausflüge, bei denen der Hund seine Menschen begleitet.
Der Familienhund, der nachmittags mit den Kindern herumtollt und einmal am Tag eine große Runde spazieren gehen darf, ist da schon besser dran. Geschätzte 3 km pro Tag sind aber immer noch recht wenig.
Ja selbst wenn Hundesport als Beschäftigung in irgendeiner Form ausgeübt wird und der Hund damit geistig ausgelastet ist, reicht dies allein nicht aus, um das enorme Laufbedürfnis abzudecken.

Das Laufbedürfnis eines durchschnittlichen kleinen bis mittelgroßen Hundes ohne Training beträgt pro Tag 5 bis 8 km; kaum eine Gassirunde kommt auf dieses Pensum, auch nicht oder selten, wenn man wohlwollend alle Runden des Tages zusammenrechnet. Das sprengt ehrlicherweise den Abschnitt des Tages, den wir auf dem Stundenplan für „Hund" reserviert haben.
Einigermaßen erreicht wird diese längere Strecke von den Menschen, die ihren Hund neben sich, möglichst frei, am Fahrrad laufen lassen. Das ist leider nur noch in ländlichen Gegenden gefahrlos möglich.
Und dann wäre da noch die Leine. Viele Hunde können aus den verschiedensten Gründen nicht abgeleint werden. Dies schränkt den Radius und damit die Bewegungsfreiheit des Hundes natürlich immens ein, auch wenn die Leine 5 oder gar 10 m lang ist.

Hinzu kommt: Viele Menschen haben inzwischen zwei oder gar mehrere Hunde, die bewegt werden müssen, manchmal sogar auf unterschiedlichen Gassirunden, weil ein Hund schon älter ist oder kleiner.
Miteinander zu toben und zu rennen geschieht im eigenen Rudel meist nur in kurzen Sequenzen und ersetzt keineswegs ein tägliches Laufpensum, ebenso wenig wie der Auslauf in einem großer Garten.
Nicht zu vergessen der menschliche innere Schweinehund, der jedes Mal überwunden werden muss, um mit den Hund überhaupt raus zu gehen!

Im immer enger werdenden Zeitfenster zwischen Beruf, Familie, Hobbys, Verein und anderen Verpflichtungen kommen unsere Vierbeiner also im wahrsten Sinne des Wortes nahezu immer zu kurz!

Die moderne Verhaltensbiologie zeigt, dass der Ursprung vieler sogenannter Problemverhalten des Hundes häufig in mangelnder Bewegung liegt. Daher empfehlen namhafte Verhaltenstherapeuten nicht selten, dem Hund zunächst ausreichend Bewegung anzubieten, um dann gegebenenfalls mit diesen veränderten Voraussetzungen auf das sogenannte „Problem" zurückzukommen. (Falls es dann noch besteht.) Damit ist keineswegs gemeint, den Hund ständig auszupowern, um ihn müde zu machen. Es geht vielmehr um Befriedigung durch Bewegung. Dieser Therapieansatz wird später noch mal genauer erläutert.

Evolutionsgeschichtlich gesehen ist auch der Mensch ein Lauftier und bewegt sich heutzutage in der Regel viel zu wenig – wieder einmal eine Parallele zwischen Mensch und Hund. Der Vorteil für den Menschen, der sich ausreichend bewegt, ist in zahlreichen wissenschaftlichen Büchern über den Laufsport ausführlich beschrieben und belegt.
Was also liegt näher, als beides zu verbinden: Laufen für Hund und Mensch. Der Gewinn liegt wohl klar auf der Hand – für beide!

Ein eingespieltes Team beim Schwabentrail 2015.

Was bedeutet das für die Praxis?

Ihr Hund ist also bereits ein Laufhund, weil er sich bewegen muss und will. Und das bedeutet in der Welt des Hundes: Rennen! Es gehört zu seinen Grundbedürfnissen wie Fressen, Schlafen und soziale Zuwendung.
Nahezu jeder gesunde Hund, der läuft, ist dabei schneller als der Mensch, also ist er in der Lage, beim Rennen auch zu ziehen. Meist zeigt er uns dies im Alltag an der normalen Führleine auch recht deutlich!

Die Fragen lauten demnach eher:

- Wie zieht er sinnvoll, also ohne seine Gesundheit zu schädigen und gleichzeitig etwas dabei zu lernen?
- Welches Gewicht darf dabei gezogen werden?
- Und über welche Distanz darf es gehen?

Als Faustregel gilt: Ein Hund ist in der Lage, das Drei- bis Fünffache seines Körpergewichtes zu bewegen, trainierte Hunde sogar noch mehr.
Es gibt außerdem gesonderte Wettbewerbe für echte Kraftprotze (weight pulling), in denen es darum geht, schwerste Lasten zu bewegen und über eine festgelegte Strecke weit zu ziehen. Dies sei der Vollständigkeit halber hier erwähnt.

DER STÄRKSTE HUND

Der Alaskan Malamute Lobo gilt als der stärkste Hund aller Zeiten, er konnte in den 1970er-Jahren einen 4560 kg schweren Anhänger ziehen.

Tatsächlich ist aber dieser Hundesport sehr speziell und daher noch weniger weit verbreitet als die üblichen Zugsportarten. Bei Schlittenhundeveranstaltungen wird er manchmal gezeigt, allerdings meist als Showprogramm und nicht als Wettkampfdisziplin, wobei es auch dies gibt.
Für uns maßgebend ist ein kleiner Ausflug in die Physik, damit wir uns nicht verschätzen:

Rechenbeispiel mit zwei Hunden:

Beagle-Rüde	15 kg
Beagle-Hündin	12 kg
Gesamt	27 kg x 3 = 81 kg
Musherin	60 kg
Scooter und Equipment ca.	15 kg
Gesamt	75 kg (fast zu schwer also?)

Um dieses Gefährt aus dem obigen Beispiel inklusive Fahrerin zu bewegen, ist auf trockenem, ebenem Waldweg lediglich ein Zuggewicht von etwa 800 g erforderlich. Das habe ich mithilfe einer Zugfederwaage selbst gemessen. Demnach ist das kein Problem für die beiden Beagles!

Zum Verständnis: Es benötigt viel weniger Kraft, z. B. ein Auto zu schieben, als es anzuheben! Ebenso verhält es sich, wenn Ihr Hund etwas ziehen soll. Vorsicht hier nun vor Denk- und Rechenfehlern!
Selbstverständlich benötigen wir trotzdem Kraft, um die Bewegung zu erhalten, Steigungen zu bewältigen oder gar zu beschleunigen, aber längst nicht so viel, wie es zunächst den Anschein hat. Wer mag, übernimmt selbst einmal die Rolle des Hundes und zieht eine Hilfsperson auf dem Scooter oder Bike.
Dieses Modell und diese Übung sollen zeigen, dass wir mitunter unseren Hunden mehr zutrauen dürfen, als wir denken – viel mehr! Gleichzeitig müssen wir sie immer motivieren und tatkräftig unterstützen und vor allem: Niemals überfordern oder gar zwingen!

In jüngster Zeit sieht man beim Zughundetraining mit Scooter oder Bike Fahrzeuge mit entsprechender Elektrounterstützung. Dies ist zwar weniger sportlich, aber in Ausnahmefällen sicher eine gute Variante. Seien Sie offen für kreative und individuelle Möglichkeiten.

Der Hund für den Zughundesport

Ein kunterbuntes Zughunde-Rudel: Schäferhund-Mix, Australian Shepherd, Maremmano-Mix, Jagdhund-Mix.

Welcher Hund eignet sich?

In dem Dossier „Schlittenhundesport“ von Uwe Radant © Akademie für Tiernaturheilkunde findet sich dazu Folgendes:

„Wer sich eigens für den Schlittenhundesport einen Hund anschafft, dem stehen eine Reihe verschiedener Rassen und Zuchtlinien zur Verfügung. Grundsätzlich sind die klassischen nordischen Schlittenhunderassen vom Husky-Typus (Siberian Husky, Malamute, Grönlandhund, Samojede und alle von der FCI anerkannte Schlittenhunderassen) und die modernen Lauf-Jagdhundemischungen, Hounds genannt, zu unterscheiden.
Dann gibt es noch den sogenannten Alaskan Husky einen nordischen Hund ohne Rassenstandard. Hier gelten bei der Zucht nur Leistung und Gesundheit. Es gibt viele unterschiedliche Schläge und Linien. Sie reichen vom kräftigen Arbeits- und Lastentier bis zum Sprinter. Meist handelt es sich jedoch um mittelgroße 20 bis 25 kg schwere Hunde.
In Europa und Skandinavien wurden die Alaskan Huskys mit Jagdhunden gekreuzt, um schnellere Hunde zu erhalten. Deutsch Kurzhaar, Pointer und Setter, aber auch Windhunde haben ihren Teil beigesteuert. In vielen Bereichen des Rennsports, vor allem im Sprint haben sich diese Hounds inzwischen durchgesetzt. Während bei Skandinavischen Hounds der Huskyanteil und somit die Kälteresistenz noch relativ groß ist, benötigen die mitteleuropäischen Linien aufgrund ihres dünnen Kurzhaars oft die schützende Wärme von Transportbox, Hundemantel oder Hundehütte.

ZUGHUND

Die traditionell gezüchteten Schlittenhunderassen sind es, die bis heute das Bild des Zughundes prägen. Grundsätzlich aber ist jeder Hund, der ziehen kann, ein Zughund. Wer also nicht an vorderster Front der sportlichen Konkurrenz fahren möchte, dem stehen alle Gebrauchs- und Laufhunderassen oder Mischlinge zur Verfügung.

Allen zur Zugarbeit verwendeten Hundetypen gemeinsam wird ein freundliches umgängliches Wesen ohne Wehr- und Schutztrieb, dafür aber mit enormer Jagdleidenschaft nachgesagt."

Viele der sogenannten Gebrauchshunderassen wie Schnauzer oder Schäferhund sind Dauertraber. Sie können bei entsprechendem Training sehr ausdauernd, kräftig und vor allem zuverlässig arbeiten und sind daher für den Freizeitbereich bestens geeignet. Auch reine Windhunde können sich bei entsprechend einfühlsamem Training zur Zugarbeit eignen.
Weniger angebracht sind sämtliche Vertreter der ruhigeren Kraftpakete wie Rottweiler, Berner Sennenhunde und grundsätzlich alle molossoiden Rassen. Diese Hunde eignen sich aufgrund ihrer enormen Kraft und ihrer ruhigeren Gangart viel besser dazu, schwere Lasten zu bewegen, und werden traditionell immer noch zum Wagenziehen eingesetzt.

Selbstverständlich stellt sich hier nun die Frage nach der Rasse Ihres Hundes. Gehört er vielleicht schon zur Gruppe der Jagdhunde, ist er ein Vertreter der Nor-

Der Kleine eifert dem Großen bereits tapfer nach und zieht dabei leicht.

dischen Rassen oder zählt er zu den Hütehundrassen? Oder ist Ihr Vierbeiner ein Mischling aus vielen der genannten?
Fast jeder mittelgroße und große Hund eignet sich für diese Beschäftigung – manche erweisen sich eben als besonders engagiert im Training, weil ihnen die Laufbereitschaft schon angezüchtet wurde. Viele Mischlinge aus Tierheimen fanden schon im Laufhundesport ihren Platz und die zweite Chance. Denn es geht nicht nur um Tempo und Spritzigkeit, sondern Teamgeist und Arbeitswillen sind ebenso gefragte Eigenschaften.
Und da es hier in erster Linie um den Freizeitbereich geht, können Sie davon ausgehen, dass auch Ihr Hund gute Leistungen bringen kann.
Bei Gespannen von zwei bis drei Hunden sollten Sie darauf achten, dass Gangart und Grundtempo ähnlich sind, dies ist auch beim Einspannen zu berücksichtigen.
Es gibt aber auch einige wenige Kriterien, die einen Hund von der Zugarbeit ausschließen. Dazu mehr im Kapitel Gesundheit (Seite 24ff.).

Voraussetzungen

Idealerweise können Sie im Alter von vier bis fünf Monaten mit dem spielerischen Training beginnen. Hier wird selbstverständlich noch mit wenig oder gar keiner Zuglast gearbeitet. Es geht in erster Linie darum, die Lauffreude zu wecken und zu fördern, um Motivation und vielleicht schon das ein oder andere Signaltraining. Auch die Gewöhnung an Geschirr und Fahrzeuge kann in diesem Alter stattfinden. Außerdem haben wir mit dem jungen Hund die Gelegenheit, selbst erst einmal alle nötigen Handgriffe zu lernen und zu üben.

Ein Dazu- oder ein Umlernen ist stets und in jedem Alter möglich. Es lohnt sich also immer, auch mit einem älteren Hund, den Sie vielleicht kürzlich erst erworbenen haben, Zughundearbeit zu beginnen. Es ist nie zu spät für dieses gemeinsame Abenteuer!

Hier ein kleiner Check, ob Ihr Hund schon die Voraussetzungen für das Laufhundetraining erfüllt.

Läuft er gern vorneweg? Möglicherweise sogar am Fahrrad? Dann zeigt er gute Voraussetzungen, dies auch im Zuggeschirr zu tun. Zwar ist er noch längst kein Leader, aber offen und vertrauensvoll genug, um zu lernen.
Viele Hunde ziehen bereits im Alltag – und zwar ihre Menschen an der Leine hinter sich her. Es kann Ihnen nicht schnell genug gehen!
Probieren Sie am Geschirr aus, ob Ihr Hund selbstbewusst auch einem gewissen Gegenzug standhält.

Laufkraft: Bewegt sich Ihr Hund auch beim normalen Spielen oder Gassigehen kraftvoll und rennt er mit viel Energie?

Dieser Hund ist richtig „im Zug“.

Ausdauer: Wie lange kann Ihr Hund zügig traben oder galoppieren?

Jagd und spielt er gern? Hetzt er immer wieder seinem Spielzeug, einem Ball oder Ähnlichem hinterher? Auch die eher unliebsame Angewohnheit Jogger, Wild, Vögel oder Fahrräder zu jagen, ist für das Laufhundetraining förderlich, denn sie zeigt eine gewisse Jagdleidenschaft.

Grundgehorsam: Hört Ihr Hund, auch wenn er aufgeregt ist, noch auf Sie? Er sollte später auch im Rennfieber noch lenkbar sein!

Nicht unbedingt zwingend notwendig, aber praktisch ist es, wenn Ihr Hund bereits Folgendes kennt und kann oder dies „als Nebenfach“ lernt:

- Alle Handling-Übungen wie Aus- und Anziehen des Geschirrs, Pfotenkontrolle, ruhiges Stehen, wenn z.B. die Leinen entwirrt werden, usw.
- Gewöhnung an das Fahrzeug (mögliche Bremsgeräusche, klapperndes Schutzblech usw.), denn kein Hund sollte vor dem Fahrzeug rennen, weil er „flüchtet“.
- Sicherheit vor dem Fahrzeug, also nicht stehen bleiben, um zu schnüffeln oder zu markieren; dies müssen Sie konsequent unterbinden.
- Gewöhnung an zusätzliches Equipment wie Booties oder Glocke.
- Spielen und Hetzen nach dem Beutespielzeug, das wir später gegebenenfalls im Training einsetzen.
- Trinken von kleinen Wassermengen aus der Flasche oder dem mitgeführten Trinknapf auf Signal.
- Wer mag, übt auch das Ausgeben des Spielzeugs, am besten im Austausch gegen Futter.

Die Gesundheit des Hundes

Allem voran muss der folgende Grundsatz stehen: Ein Hund, der in irgendeiner Weise beeinträchtigt ist oder scheint, darf nicht eingespannt werden!

Selbstverständlich sollten Sie sich vergewissern, dass der Hund gesund und den Anstrengungen des Trainings physisch wie psychisch gewachsen ist. Daher rate ich vor Trainingsbeginn immer zu einem Besuch bei Ihrem Tierarzt und/oder einem Tierphysiotherapeuten.

Weitere wichtige Punkte sind:

- Grundsätzlich darf Ihr Hund keine orthopädischen Probleme oder Herzerkrankungen haben.
- Alle Formen von angeborenen Erkrankungen des Bewegungsapparats wie Ellenbogen- oder Hüftgelenkdysplasie schließen zwar eine Belastung im Leistungssport aus, können aber, je nach Schwere der Erkrankung, im Freizeitbereich sogar zum Muskelausbau förderlich sein. Hier ist eine enge Zusammenarbeit mit Tierärzten und Physiotherapeuten erforderlich und sinnvoll.
- Gleiches gilt auch für leichtes und kontrolliertes Kardiotraining bei Herzproblemen.
- Hunderassen mit sehr kurzen und/oder krummen Beinen (Mops, Bulldoggen, Dackel usw.) sind eher nicht geeignet.

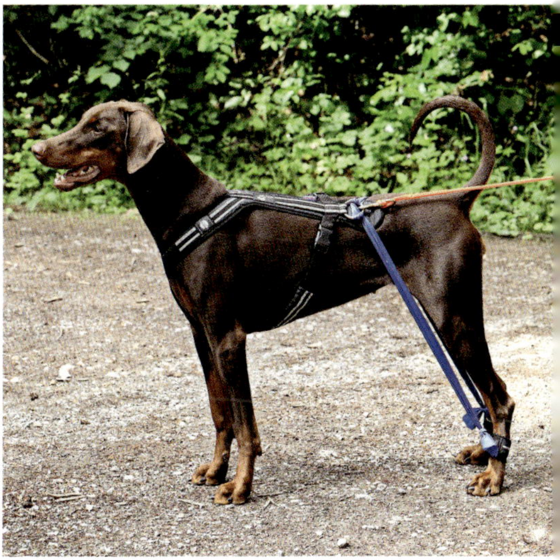

Hier wurde von der Physiotherapeutin das Laufen mit einem Theraband verordnet.

- Hunderassen, deren Atemwege durch Zucht verkürzt sind (Mops, Boxer, alle Bulldoggen usw.), haben eventuell eine Behinderung beim Atmen und kommen daher schnell an ihre Grenzen.
- Verletzungen jeglicher Art müssen selbstverständlich vollständig ausgeheilt sein.
- Ihr Hund sollte ein gewisses Maß an Grundfitness besitzen und nicht allzu übergewichtig sein. Bei starkem Übergewicht sollten Sie zunächst moderat und ohne Zug trainieren und die Fütterung umstellen. Das Bewegungs- und Herz-Kreislauf-System Ihres Hundes darf nicht überlastet werden.
- Selbstverständlich nehmen Sie Rücksicht auf noch junge bzw. bereits ältere Hunde. Es bedarf immer eines guten Einschätzungsvermögens der eigenen Leistungsfähigkeit und der Ihres Hundes.

In der Regel stellt das Training für den Freizeitbereich bzw. Breitensport als Anfänger jedoch keine besondere Herausforderung an den Hund dar. Denn Sie bedienen lediglich sein naturgegebenes Pensum an Laufarbeit. Selbstverständlich steigen Sie nicht gleich beim Training zum Iron Dog ein. Dies sollte – falls das angestrebt wird – wie beim Menschen auch nach einem bestimmten Trainingsplan erfolgen.

Die richtige Ernährung

Immer wieder stellt sich die Frage, ob Zughunde besonders ernährt werden müssen. Dies ist in erster Linie abhängig von den individuellen Bedürfnissen und der Konstitution des Hundes!

Futter

Vorausgesetzt, Sie gehen wieder vom gesunden Breitensport- und Freizeitzughund aus, ist in der Regel keine besondere Ernährung nötig!
Ein gutes, hochwertiges Trockenfutter (mindestens 70 % Fleischanteil, möglichst kein Getreide) ist absolut ausreichend. Ausschlaggebend als Energielieferant und für den Aufbau der Muskulatur sind der Anteil an Rohfett und Rohprotein. Diese sollten dem Bedarf angepasst werden. Meistens genügt es, hierzu einfach die Futtermenge pro Tag entsprechend hoch zu dosieren.
Falls Sie aber tatsächlich sehr sportlich trainieren und den Hund muskulär aufbauen möchten, ist es manchmal nicht mehr möglich, die Futtermenge einfach entsprechend zu erhöhen. In diesem Fall wählen Sie ein Futter mit höherem Rohfett- und Rohproteinanteil. Oft gibt es von derselben Marke Varianten für den unterschiedlichen Energiebedarf Ihres Hundes.
Meist sind beim normalen Laufpensum von bis zu 10 km pro Tag aber keine speziellen Futtermarken oder -zusätze notwendig. Wenn überhaupt, dann sind diese nur bei niedrigen Temperaturen oder besonderer Belastung erforderlich.

Besonders bei starker Belastung und kalten Temperaturen müssen die Hunde sehr energiehaltiges Futter erhalten.

Bei Temperaturen unter -5 °C oder kälter benötigt der Vierbeiner möglicherweise mehr Energie für die Thermoregulation (um sich warm zu halten). Wenn er dann noch Rennenergie verbraucht, nimmt er möglicherweise sehr schnell ab. Auch das ist von Hund zu Hund unterschiedlich.
Von den Profis abgeschaut ist das Zufüttern von „Energiebomben“ in Belastungssituationen wie z.B. Lachsöl oder anderen tierischen Fetten. Sie liefern schnell verfügbare Energie in Rennsituationen und sind gut für das Herz-Kreislauf-System. Lachsöl bietet zusätzlich den Vorteil, sich positiv auf die Haut und Haarstruktur auszuwirken. Die Strapazierfähigkeit der Ballen wird verbessert. Auch spezielle Futterzusätze für Gelenke und Sehnen sind manchmal gebräuchlich.

Viele unserer Familienhunde sind eher übergewichtig. Wenn die Pfunde mit dem Sport also schwinden, ist dies ein gewünschter Nebeneffekt.
Viele Sporthunde dagegen sind fast zu dünn! Vorsicht, ein Hund der über keinerlei Fettreserven verfügt, ist nicht belastbar und kann keine Muskelmasse aufbauen (also kein guter Trainingseffekt). Außerdem sind solche Hunde extrem anfällig bei Kälte und für Krankheiten, denn das Immunsystem ist sehr geschwächt. Hier ist übertriebener Ehrgeiz fehl am Platz!

Bei Langstrecken- bzw. Ausdauerrennen, die manchmal über mehrere Tage gehen, benötigen die Hunde auch mehr leicht verdauliche Kohlenhydrate. Diese belasten aber oft den Verdauungstrakt, daher immer erst nach der Belastung füttern (abends). Hier hat jeder Profi seine eigene Fütterungsphilosophie, die dann fester Bestandteil des Trainings ist. Auch das Wässern und die Nahrungsaufnahme während solcher Langstreckenrennen werden mit den Hunden trainiert. Manche Musher wählen ihre Hunde sogar nach der Fähigkeit aus, in jeder Situation fressen zu können.
Der Futterrhythmus sollte auch bei Ihrem Familienhund immer ungefähr gleich bleiben, da sich das Verdauungssystem darauf einstellt. In der Regel sind das zwei Mahlzeiten am Tag und nach den Mahlzeiten ist eine Ruhepause zur Verdauung Pflicht. Bei mehr Belastung erhöht sich die Fütterungsmenge und -anzahl auf bis zu vier Mal pro Tag. Außerdem gehört die Futterbelohnung am Ende des Trails zum festen Beuteritual und ist Teil unseres Trainings. Diese Ration ziehen Sie einfach von der Gesamtfuttermenge des Tages ab.

Grundsätzlich möchte ich hier keine spezielle Futtermittelempfehlung aussprechen lediglich den guten Rat: Machen Sie aus dem Füttern keine allzu strenge Wissenschaft und bieten Sie Abwechslung im Napf; Letzteres ist auch mental für den Hund wichtig.

Wasser

Mindestens ebenso wichtig wie die Fütterung ist das Trinken! Die Wasseraufnahme muss beim arbeitenden Hund garantiert sein. Sonst besteht die Gefahr, dass der Hund unter Belastung schnell dehydriert.

Um zu gewährleisten, dass der Hund vor dem Lauf auch eine größere Menge Wasser zu sich nimmt, bieten Sie ihm am besten die sogenannte „Rennsuppe“ an. Je nach Vorlieben des Hundes besteht diese aus Feucht- und/oder Trockenfutter oder sonstigen schmackhaften Zusätzen und Wasser, mindestens im Verhältnis 1:5!

Bitte beachten Sie hier: Der Schwerpunkt liegt in der Aufnahme von Wasser, nicht von Futter. Letzteres soll das Wasser Ihrem Hund lediglich schmackhaft machen, damit die benötigte Wassermenge vom Hund auch sicher aufgenommen wird. Die Menge der angebotenen Flüssigkeit richtet sich nach dem Fassungsvermögen des Hundemagens: Falls nötig verabreichen Sie die Portion auf zwei bis drei Mal, damit der Hund nicht erbricht. Vermeiden Sie Zusätze wie Milchprodukte im Wasser; diese werden von vielen Hunden nicht vertragen und führen zu Durchfall.
Der beste Zeitpunkt, um zu wässern (so wird in Fachkreisen tatsächlich die Versorgung mit Wasser genannt), ist eine bis zwei Stunden vor dem Lauf, nicht direkt vorher!

Die „Rennsuppe“ gewährleistet, dass der Hund genügend Wasser vor dem Lauf aufnimmt.

Selbstverständlich sollte der Hund unmittelbar vor dem Lauf die Möglichkeit zum ausgiebigen Lösen bekommen, um überschüssige Flüssigkeit auch schnell wieder los zu werden.

Während des Laufs sollten, wenn nötig, mehrfach kleinere Mengen Wasser angeboten werden. Hier ist es praktisch, wenn der Hund gelernt hat, aus der Flasche zu trinken.

Nach dem Lauf gehört eine kleine Portion leckere Rennsuppe (dieses Mal gern mit mehr festen Bestandteilen) zum Belohnungsritual. Diese wird entweder direkt nach dem Ausspannen angeboten oder nach dem Cooldown (siehe Seite 57f.). Manche Hunde nehmen erst wieder Flüssigkeit bzw. Wasser auf, wenn sie sich erholt haben – dies sollten Sie abwarten. Im Profibereich hat jeder, wie beim Füttern auch, sein spezielles Wässerungskonzept.

Der Mensch beim Zughundesport

Nicht nur der Hund, sondern auch der Mensch muss bestimmte Voraussetzungen für den Zughundesport mitbringen, auf bestimmte Dinge achten und die richtige Ausrüstung haben.

Voraussetzungen

Genau genommen gibt es nur eine wirklich wichtige Frage, die Sie sich stellen sollten: Bin ich bereit, mich auf dieses neue Abenteuer mit meinem Hund einzulassen? Falls Sie dies mit einem „Ja" beantworten, ist die nötige innere Haltung geschaffen. Alle anderen Faktoren können – so wichtig sie auch sind – von Ihnen erlernt bzw. trainiert werden.
Ebenso wichtig ist es immer, seinem gesunden Menschenverstand zu folgen und eine anspruchsvolle, aber ehrliche Selbsteinschätzung beizubehalten: Sie sollten immer im Rahmen Ihrer Möglichkeiten bleiben bei allem sportlichen Ehrgeiz und Abenteuerlust! An vorderster Stelle steht immer Ihre Sicherheit! Dazu ein kleiner Fragenkatalog:

Zughundesport ist ein Sport für echte Naturburschen und -mädels!

Körperliche Fitness

Beurteilen Sie Ihre körperlichen Voraussetzungen wie Grundfitness und allgemeine Sportlichkeit. (Möglicherweise sind Sie bereits ein Läufer und sind nur nie auf die Idee gekommen, den Hund der Freundin mit ein-zu-spannen.)
Wie steht es bei Ihnen um Kraft und Kondition? Sind Sie einigermaßen in der Lage, Ihren Hund zu unterstützen, können Sie bei seinem Tempo mithalten? Sind Sie ihm kräftemäßig gewachsen?

Selbstverständlich trainiert der Mensch immer auch die eigene Fitness mit. Oft ist der Wunsch, sich mehr zu bewegen, ja einer der Anschaffungsgründe für einen Hund.
Reaktionsfähigkeit und Konzentration, schnelles Bremsen oder Ausweichen gehören zum Laufen mit Hunden dazu, ebenso wie eine gute Beobachtungsgabe und weit vorausschauendes Agieren.

Gleichgewichtssinn

Können Sie auf einem Bein über längere Zeit hinweg stehen, auch wenn Sie das nicht belastete Bein bewegen? Wie sicher fühlen Sie sich auf dem gewählten rollenden Untersatz?

Wichtig bei der späteren Wahl des Fortbewegungsmittels: Es gibt Menschen, die können z. B. beim Roller nur nach einer Seite mitschubsen, also nur mit einem Bein. Dies führt zu Fehlbelastungen und ist daher nicht ratsam.

Sie sollten zunächst ohne Hund zur Sicherheit einige Brems- und Lenkmanöver mit dem Bike, Trike oder Scooter absolvieren, bitte auch auf verschiedenen Untergründen und bei verschiedenem Wetter (siehe Kapitel „Sicherheit und Fahrtraining" Seite 81ff.).

Diese Übungen sind völlig unabhängig von der momentanen oder angestrebten Laufleistung Ihres Hundes.

Wetterfestigkeit und Schmutztoleranz

Trainiert wird auch – oder gerade – bei eher widrigen Bedingungen wie Schnee, Kälte oder Regen. Hundebesitzer sind sich der Tatsache bewusst, dass sie bei jedem Wetter raus müssen und sie kleiden sich dementsprechend.

Matschige Waldwege mit einem Gespann zu befahren, gleicht allerdings schmutztechnisch oft eher einem Motocross-Rennen. Und dann muss nach dem Training der schmutzige Hund ins Auto gepackt, das dreckige Bike auf den Gepäckträger geschnallt werden und Sie selbst müssen pitschnass und durchgefroren nach Hause fahren. Zu Hause darf man dann auch nicht umgehend in die heiße Badewanne, denn es gilt selbstverständlich „doggies first", also das Versorgen der Hunde. Dann müssen auch noch Geschirre und Leinen zum Trocknen aufgehängt und das Fahrzeug gesäubert und verstaut werden.

Zughundetraining ist also ein Sport für echte Naturburschen und -mädels!

Kostenfrage

Das Equipment besteht anfangs aus entsprechender Outdoor- oder Laufkleidung, die jeder Hundebesitzer mehrfach im Schrank hat, dazu einem Bauchgurt (Canicross-Gürtel) und vor allem gutem Schuhwerk.

Für den Hund gehören ein spezielles Laufgeschirr, die Leine mit Ruckdämpfer und ein Panicsnap zur Grundausstattung.

Verglichen mit anderen Sportarten ist die Erstausstattung also in der Regel noch recht günstig.

Wenn dann später das Fahrzeug Ihrer Wahl hinzukommt, entspricht der Kostenaufwand dem eines anderen Sporthobbys (dafür sparen Sie den Monatsbeitrag im Fitnessclub ganz bestimmt).

Bei vielen Zughundesport-Infizierten wächst das Familienrudel mit der Begeisterung zum Sport auf zwei oder noch mehr Hunde an. Dann wird dieses Hobby unter Umständen sehr kostenaufwendig.

Konvention

Zughundetraining mit einem oder zwei Hunden, die Laufhundearbeit, gilt heute noch vielerorts als „exotisch" oder eben einfach nur anders.
Sind Sie bereit, unkonventionell zu denken und zu arbeiten? Jedes Team erfordert es, neue Wege zu gehen. Kreativität und Humor sollten im Training Ihre ständigen Begleiter sein. Davon abgesehen werden Sie sich sicher der ein oder anderen verständnislosen Fragerei seitens anderer Hundebesitzer stellen müssen, was Sie da mit dem armen Hund nun machen – und warum! Ich wünsche an dieser Stelle die nötige Gelassenheit für solche Begegnungen.

Sicherheit

Oberste Priorität hat stets die eigene Sicherheit, die des Hundes und die der anderen Verkehrsteilnehmer. Ähnlich wie im Straßenverkehr sind daher Rücksichtnahme und vorausschauendes Agieren unabdingbar. Umso mehr, als dass wir einen oder gar zwei quicklebendige „Motoren" haben, die sehr spritzig reagieren – und das ganz ohne Anti-Blockier-System und Airbag, dafür aber auf jeden Fall mit Vierpfotenantrieb, optimaler Kurvenlage und exzellenter Bodenhaftung!

Ein kraftvolles Gespann mit Acht-Pfoten-Antrieb ist nicht so schnell zu bremsen.

Ausrüstung und Packliste

Auch für den Zughundesport muss natürlich die notwendige Ausrüstung – sowohl für den Mensch als auch für den Hund – vorhanden sein, bevor es los geht. In der Praxis hat es sich bewährt, alles was mitgenommen werden muss, in eine robuste Hundetasche oder einen leichten Rucksack zu packen.

Die **Kleidung** sollte in jedem Fall strapazierfähig genug und den sportlichen Anforderungen sowie den jeweiligen Wetterbedingungen angepasst sein. Kleidung mit Reflektoren und in Signalfarben erhöht zusätzlich Ihre Sicherheit.

Als **Schuhwerk** eignen sich am besten Trail-Running-Schuhe mit GoreTex, je nach Gelände auch knöchelhoch! Stulpen schützen vor Nässe und verhindern das Eindringen von Schmutz und kleinen Steinchen.

Unverzichtbar: Als Eselsbrücke leicht zu merken: drei bzw. vier H:

- Hund
- Handy, bitte die Notfall Nummer unter ICE (= In Case of Emergency) speichern
- Handschuhe auch im Sommer, gegebenenfalls leichte Radlerhandschuhe: Im Falle eines Sturzes fängt sich der Mensch mit den Händen ab. Dies kann auf geschottertem Waldweg auch bei geringer Geschwindigkeit zu bösen Verletzungen führen! Und wenn Sie mal in eine gespannte Leine greifen müssen, schützen Handschuhe ebenso!
- Helm (für Bike und Scooter) und Schutzbrille, auch als Läufer und wenn der Helm kein Visier hat.

Optional je nach Zughundesportart:

- Zuggeschirr für den Hund selbstverständlich passend
- Entsprechende Zugleine(n) mit Ruckdämpfer
- Panicsnap
- Canicross-Gürtel (siehe unten)
- Scooter-/Bikeantenne
- Motivationsspielzeug/Beute

Der Bauchgurt (Canicross-Gürtel)

Auch wenn Sie später auf einen fahrbaren Untersatz umsteigen, ist der Bauchgurt als Einstiegsausrüstung und späteres Hilfsmittel wertvoll. Anfangsübungen werden zunächst am Bauchgurt trainiert, bevor Sie vielleicht auf das Fahrzeug Ihrer Wahl umsteigen. Viele Besitzer großer Hunde setzen ihn außerdem zum täglichen Gassigehen ein, ebenso wie „normale" Läufer beim Joggen.

Der Bauchgurt sollte Ihnen selbstverständlich bequem passen, das Rückenteil ist breit und gepolstert und ähnlich wie Bergsteigergurte hat er schmale Riemen im Schritt, die ein Rutschen nach oben verhindern. Der Bauchgurt soll auf dem Hüftkamm sitzen ähnlich wie der Hüftgurt eines Trekkingrucksacks. Je nach Modell haben Bauchgurte hinten eine verschließbare Tasche (für den Autoschlüssel und das Handy) und seitlich Karabiner zur Anbringung von Utensilien, die Sie griffbereit haben möchten (z. B. anfangs einen Beutel für Belohnungsfutter oder kleines Spielzeug). An der Vorderseite ist eine kurze Leine, an der die Zugleine des Hundes mittels Panicsnap befestigt ist.

So sieht ein Canicross-Gürtel mit Panicsnap aus.

Empfehlenswert:

- Booties als Pfotenschutz
- Hundemantel/Signalweste reflektirend, wenn nachts trainiert wird
- Leuchthalsband
- Belohnungshappen für den Hund
- Trinkwasser für Hund und Mensch
- Glocke (nervt oft, macht aber Sinn, denn wir haben weniger Wild auf Sicht und die Glocke dient zum Warnen von Fußgängern und anderen Verkehrsteilnehmern). Sie muss nicht am Hund angebracht werden, sondern gern am Fahrrad, der Leine oder der Bikeantenne.
- GPS für längere oder neue Touren
- Erste-Hilfe-Set aus der Apotheke
- Stirnlampe

Weil es ein paar Dinge gibt, die griffbereit sein sollten, hat sich in der Praxis neben dem größeren Rucksack (der auch mal im Auto bleiben kann) eine Bauchtasche für das Nötigste bewährt. Keine Angst, auf Dauer reduziert sich das Gepäck wieder. Sie entscheiden später selbst, was wann wofür gebraucht wird. Hier sind alle Eventualitäten berücksichtigt.

Wenn wir das Haus verlassen, trägt der Hund entweder sein gewohntes breites Halsband (kein Zughalsband!)

Diese Utensilien gehören zur Ausrüstung.

Einige Ausrüstungsgegenstände sind hier im Bild gezeigt (von rechts nach links): Halsband, Zuggeschirr, Jöringleine mit integriertem Ruckdämpfer, Panicsnap, Antenne, Bike.

oder sein Führgeschirr und eine kurze Leine wie für den täglichen Spaziergang. Möglicherweise muss er erst eine kurze Strecke frei am Fahrrad nebenher laufen, bis Sie einspannen können, oder er geht erst mal an der Leine.

Das Lauf- oder Zuggeschirr

Unabhängig davon, für welchen Geschirrtyp Sie sich entscheiden, gilt: Das Laufgeschirr darf nur angelegt werden, wenn auch wirklich gelaufen werden darf und vor allem gezogen werden muss.

Bitte lassen Sie Ihren Hund nie am Halsband ziehen, auch wenn dies breit sein sollte. Schädigungen der Halswirbelsäule könnten sonst die Folge sein.

Nur durch diese ganz klare Abgrenzung kann außerdem Ihr Hund erkennen, welche Aufgabe von ihm gefordert ist. Auf diese Weise bleibt die gute Leinenführigkeit in Ihrem Alltag (eben ohne Laufgeschirr) erhalten.

Das Geschirr muss passen wie bei uns Menschen ein guter Laufschuh oder Rucksack. Wer sich nicht sicher ist, lässt sich bei einem Zughundetrainer oder Hundephysiotherapeuten beraten.

NICHT GEEIGNET

Normale Führgeschirre, wie Sie Ihr Hund möglicherweise im Alltag oder bei der Sucharbeit trägt, sind in der Regel nicht darauf ausgelegt, dass er seine Zugkraft optimal nach vorne umsetzt. Daher sind auch diese nicht geeignet.

Entscheidend sind unter anderem auch die bevorzugte Gangart (starker Trab oder Galopp) und die Muskulatur des Hundes. Letztere wird ja auch oft im Rahmen des Trainings erst noch aus- und aufgebaut. Daher benötigt der fortgeschrittene Hund möglicherweise ein anderes Geschirr als der Anfänger. Auch maßgeschneiderte Modelle gibt es; dies macht jedoch erst Sinn, wenn der Hund ausgewachsen sowie gut bemuskelt und trainiert ist.

Von Anfang an gilt:

- Nichts darf scheuern (also auch nicht zu groß sein), einengen oder drücken.
- Der Hund darf in seiner Bewegung und Atmung nicht eingeschränkt werden.
- Lange Zuggeschirre enden am Rutenansatz.
- Das Zuggeschirr soll möglichst wenig, besser gar keine Schnallen, Haken und Verschlüsse haben. Damit schonen Sie Haut und Fell des Hundes. Auch zu lange und herumhängende Gurte sollten eventuell gekürzt werden oder in dafür vorgesehenen Schlaufen verschwinden.
- Das Geschirr muss auch mit kalten Händen und im nassen Zustand gut an- und auszuziehen sein. Gepolsterte Zuggurte (z. B. mit Fleece oder auch Neopren) sind toll, solange sie trocken sind; im Winter jedoch entstehen hier schnell Eiskrusten und bei nasser Witterung bzw. auf schlammigen Untergründen saugen sie sich mit Wasser und Schmutz voll und „schmirgeln" vor allem kurzhaarige Hunde z. B. unter den Achseln und an der Brust schnell wund.
- Der Halsausschnitt kommt uns oft eng vor; er sollte gut über den Kopf passen, muss aber so geschnitten sein, dass kein Druck auf die Buggelenke ausgeübt wird. Achten Sie hier auf die Bewegungsfreiheit der Schulter; im Galopp schiebt sie Ihr Hund nach hinten und vorne.

Die Zugleine und damit die Zuglast laufen bei den hier vorgestellten Sportarten immer schräg vom Hund nach oben (Befestigung am Fahrzeug oder Laufgürtel). Das Geschirr selbst liegt nicht mehr auf dem Rücken des Hundes auf. Das bedeutet, der Hauptzugpunkt liegt nicht mehr auf der Rückenlinie, sondern auf der Brust, „dem Latz" des Hundes.
Moderne Geschirre sind auf diese diagonal nach oben geführte Zugrichtung ausgelegt. Das Geschirr ist oft kürzer als der Hund, hat aber nicht nur Zuggurte wie gewohnt, sondern zur besseren Verteilung des Zugdruckes den breiten Brustlatz. Die schräg über dem Brustkorb angesetzten Gurte verhindern ein Verrutschen des Latzes Richtung Hals und damit ist auch bei starkem Zug gewährleistet, dass der Hund sich nicht würgt.

Das **Safety-Geschirr** (siehe Foto nächste Seite) eignet sich besonders für jene Hunde, die nicht den typischen Körperbau eines Laufhundes haben. Es wird als praktischer und pflegeleichter Allrounder auch gern im Hundesport oder in der Sucharbeit eingesetzt. Dieses Geschirr kann im Bauchumfang angepasst werden und wird mithilfe von zwei Schnallen leicht und schnell angelegt.

Das Safety-Geschirr gilt auch als Allrounder im Hundesport.

Das Faster-Geschirr ist ein reines Zuggeschirr.

Das X-Back-Geschirr ist vor allem für die nordischen Hunde geeignet.

Als reines Zuggeschirr wird das **Faster-Geschirr** heute immer mehr eingesetzt. Es hat noch wie die traditionellen Schlittenhund-Geschirre die Länge des Hundes. Das bedeutet, es kann sowohl mit hohem (Bike, Scooter) als auch mit tiefem Zugpunkt (am Schlitten oder Hundewagen) gefahren werden. Wichtig ist bei der tiefen Anspannung, dass der Rücken des Hundes frei arbeiten kann und auch nicht von der Zugleine (die ja nun wieder nach schräg unten verläuft) beeinträchtigt wird. Das Prinzip der Kraftverteilung auf die Brust des Hundes ist dasselbe wie oben beim Safety: Das Geschirr bleibt auch unter höchsten Anforderungen mittig auf der Brust des Hundes und verteilt den Druck großflächig.

Dieses Geschirr ermöglicht es dem Hund außerdem, auch beim Galopp den Rücken optimal zu bewegen. Daher ist es besonders geeignet für alle Laufhunde und Windhundartigen, und zwar immer dann, wenn die bevorzugte Gangart des Hundes der Galopp ist.

X-Back oder **H-Back** heißt das traditionelle Schlittenhund-Geschirr. Es wird vor allem von den reinrassigen nordischen Hunden und bei langen Distanzrennen getragen. Hier hat es sich über Jahrhunderte bewährt und tut dies heute noch.

Das X-Back eignet sich besonders für Hunde, deren bevorzugtes Tempo der kraftvolle, ausdauernde Trab ist.

Gepolsterte Zuggurte leiten hier die Zugkraft über die Brust und entlang der Rippenbögen. Auf diese Weise bietet es mehr Führung und damit mehr Unterstützung für die Rückenmuskulatur. Ähnlich wie das Faster hat auch das X-Back keine Verschlüsse und daher keine Möglichkeit, es zu verstellen. Es muss also passe. Bitte stets ausprobieren! Das Verhältnis Brustkorb (Bemuskelung) zu Körperlänge variiert besonders bei jungen Hunden stark.

Das Nonstop-Geschirr ist eher für schlanke Hunde geeignet.

Die Erfahrungen von beiden vorher genannten Geschirren vereinen sich im **Nonstop-Geschirr**. Es hat fast dasselbe Zugprinzip wie das Faster (Zugpunkt auf dem Latz). Die Kombination mit flexiblen, gepolsterten seitlichen Gurten (Gummi im diagonalen Zuggurt) berücksichtigt den höheren Zugpunkt bei Bike, Scooter oder Canicross. Das Nonstop ist für eher schlanke, aber großrahmige Hunde, die weit nach vorne ausgreifen, konzipiert.

Das Trekking-Geschirr ist vor allem für das Bergwandern entwickelt worden.

Auch Geschirrtypen von anderen Herstellern sind auf dem stetig wachsenden Markt zu finden; die vier oben genannten sind aktuell die gängigsten.

Dann gibt es noch spezielle Geschirre für den Einsatz am Zugbügel, die sogenannten Pulka-Geschirre, sowie diverse andere Geschirre zum Ziehen von Hundewagen ähnlich der Anspannung bei Pferden.

Außerdem gibt es Anfertigungen, die für besondere Rassen empfohlen werden (z. B. Niiva Harness für Dobermänner), dies ist lediglich der Vollständigkeit halber hier angeführt. Ebenso finden sich immer häufiger Geschirre, die für spezielle Einsätze entwickelt sind wie z. B. Dog Trekking oder Dog Hiking (Bergwandern mit Hund).

Wie Sie das Geschirr Ihrem Hund am besten anziehen, wird im Kapitel mit den Basisübungen (Seite 60f.) beschrieben.

Leinen

Auch bei den Leinen gibt es verschiedene Ausführungen:

- Die Zugleine mit integriertem Ruckdämpfer ist der Standard bei einem und zwei Hunden und ist im Zughundesport wohl am häufigsten anzutreffen.
- Der Ruckdämpfer ist ein gummiverstärktes Teil der Leine, ähnlich wie bei Bungee-Seilen. Er ist extra erhältlich, wird aber auch oft in die Zugleine integriert.
- Die Haupt-/Gespann-/Main- oder Zugleine mit Ruckdämpfer ist für Gespanne ab zwei bis drei Hunden.
- Ab vier Hunden spannt man den externen Ruckdämpfer meistens gesondert vor den Schlitten, und zwar als Verbindungsstück zwischen Zugleine und Schlitten oder Wagen.
- Die Tugline verläuft von der Hauptleine zum Hund (hinten, Schlaufe am Zuggeschirr) und führt den Zug.
- Die Neckline verläuft von der Hauptleine zum Hund am Halsband und soll lediglich ein seitliches Ausbrechen des Hundes verhindern (Team-Neckline). Oder sie verbindet die beiden vorderen Hunde am Halsband (Leader-Neckline).

So sieht die Ausrüstung für ein Zweiergespann aus (von links nach rechts): Halsbänder mit Neckline, Geschirre, Tuglines, Hauptleine.

Eine Zugleine mit integriertem Ruckdämpfer ist der Standard bei einem Hund.

PRAXISTIPP

Falls Sie zwei Hunde haben, rate ich auf jeden Fall dazu, eine Zugleine für zwei Hunde zu kaufen. Diese können Sie durch Entfernen einer Tugline auch prima als Zugleine für nur einen Hund benutzen, aber nicht umgekehrt!

Das Anspannen

Für einen Hund

Die nach IFSS-Regeln offiziell zugelassene Wettkampfleine ist im ausgezogenen Zustand 2,5 m lang und nennt sich Jöringleine. Sie eignet sich für alle drei bzw. vier hier vorgestellten Sportarten.
Der Hund wird am vorderen Karabiner eingehängt. Auch im Breitensport hat sich diese Länge bewährt, obwohl Sie Ihnen zunächst sehr lang erscheinen mag. Anfangs verunsichert das Gefühl, so weit vom Hund entfernt zu sein, aber es gibt hierfür gute Gründe. Erstens: Die Zugleine ist zur Kraftübertragung bzw. eben zum Ziehen da und nicht wie üblicherweise, um den Hund zu führen. Letzteres geschieht im Zughundesport mit den an anderer Stelle erklärten Signalworten. Zweitens: Je länger der Auszug/die Leine ist, desto länger haben Sie eine Chance zu reagieren und zu bremsen (Reaktionszeit und Bremsweg), falls dies doch mal nötig sein sollte. Und da sind 2,5 m schon sehr kurz.

Im ausgezogenen Zustand soll die Zugleine 2,5 m lang sein.

Für zwei Hunde

Für zwei Hunde gibt es verschiedene Anspannungsmöglichkeiten:

Am häufigsten eingesetzt wird die Jöringleine für zwei Hunde nebeneinander, schematisch dargestellt sieht das dann so aus: eine Zugleine mit Ruckdämpfer, dazu zwei gleichlange Tugleinen und vorne sind die Hunde(-halsbänder) mit der Leader-Neckline verbunden (Grafik a Seite 40).

Voraussetzung für diese Anspannung ist, dass die Hunde etwa gleich groß sind und im gleichen Schrittmaß und -rhythmus laufen. Falls dies nicht der Fall ist und trotzdem nebeneinander gelaufen werden soll, muss die Tugline beim kleinen Hund verlängert werden (Grafik b Seite 40).

Denn sonst hängt nahezu die gesamte Zuglast am hinteren kleineren Hund, auch wenn der Zugpunkt durch die Wahl verschiedener Geschirre ausgeglichen scheint.

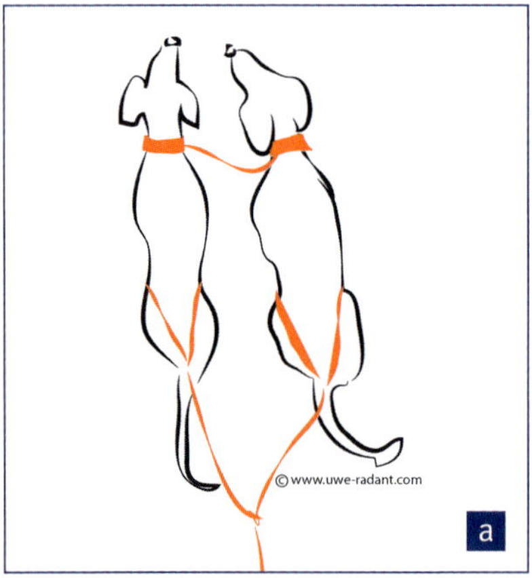
© www.uwe-radant.com
a

ACHTUNG!
Tugline des kleinen
Hundes verlängern.
© www.uwe-radant.com
b

SO
NICHT!
c

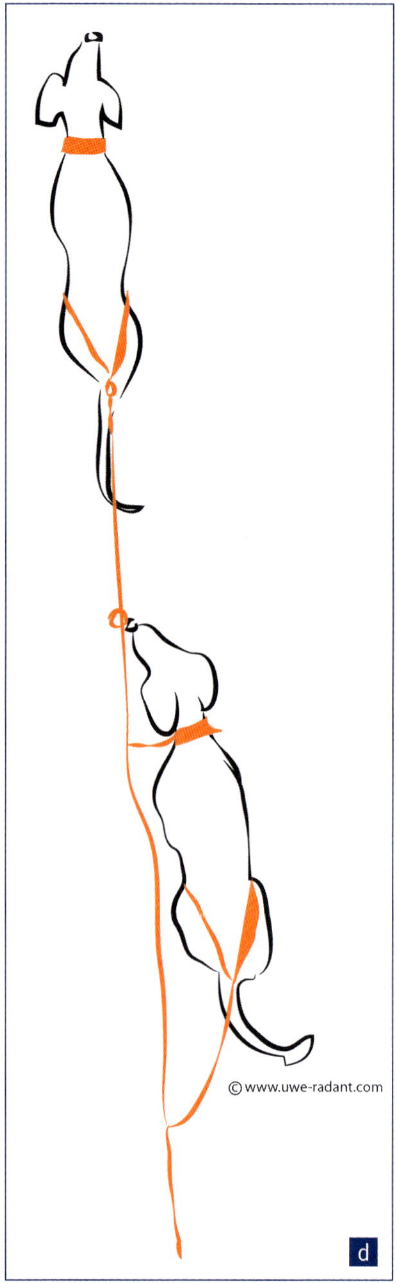
© www.uwe-radant.com
d

Vorne wird der kleinere Hund auch noch am Hals vom Größeren gezerrt – Fehlbelastungen und Fehlhaltungen sind dann vorprogrammiert (Grafik c Seite 40).

Oder die Hunde werden hintereinander eingespannt: Diese Anspannungsart hat sich besonders bewährt, wenn Sie einen neuen oder jungen Hund mit ins Team integrieren möchten, aber auch wenn die Hunde aus verschiedenen anderen Gründen schlecht oder gar nicht nebeneinander laufen (z. B. wenn es während des Laufens immer wieder zu Rangeleien kommt oder wenn sich selbst bei gleich großen Hunden kein zueinander passender Laufrhythmus einstellen will) (Grafik d Seite 40).

Das Gespann wird dann zwar länger, aber wenn man in Lead einen zuverlässigen Hund stellt, bleibt es trotzdem gut handelbar. Bedenken Sie hier: Lange Leine ermöglicht einen längeren Bremsweg, das heißt eine längere Reaktionszeit für den Fahrer.

Für die Anspannung hintereinander benötigen Sie eine Main-/Gespannleine (für bis zu vier Hunden). Diese gibt es mit oder ohne integriertem Ruckdämpfer, weiterhin eine Team-Neckline (von der Gespannleine zum Halsband des hinteren Hundes) und eine Tugline (Verbindungsstück von der Gespannleine zum Zuggeschirr des vorderen Hundes).
Das liest sich kompliziert, ist aber auch nicht aufwendiger als die Anspannung nebeneinander.

Für drei Hunde

Drei Muske(l)tiere vor dem Roller zu haben, ist je nach Kraft und Größe der Hunde ein ziemliches Risiko. Es erfordert Übung und unbedingt guten Gehorsam. Denken Sie auch daran, dass ein verrückter Junghund je nach Situation auch mal erfahrene Hunde mitreißen kann.

Diese Leine ist für das Anspannen von drei Hunden geeignet.

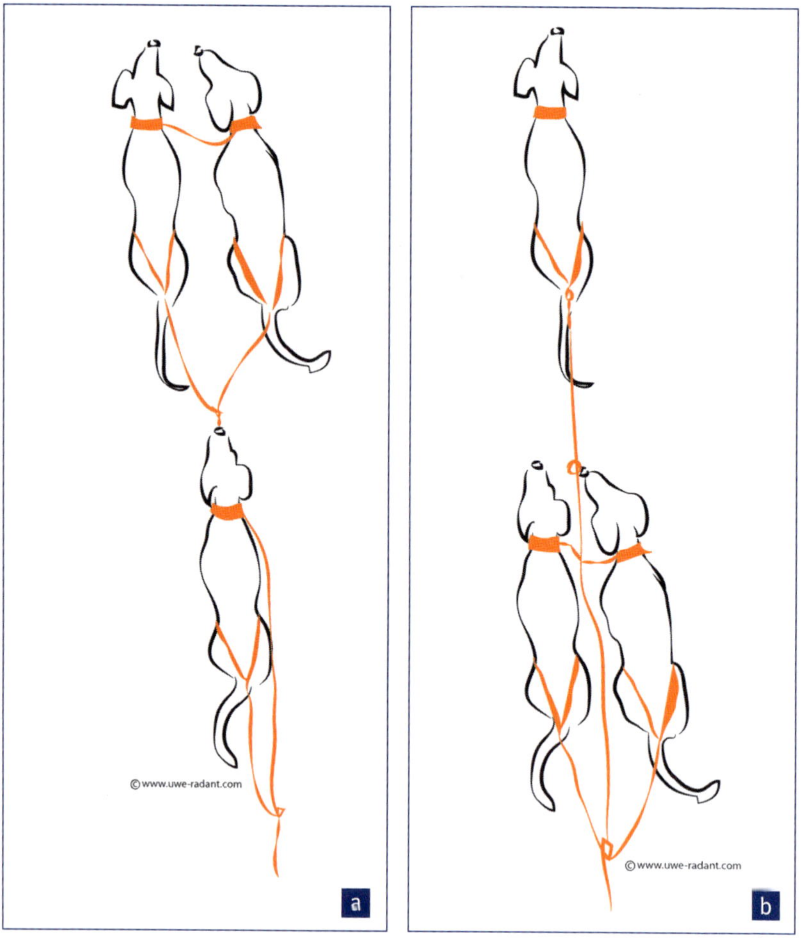

Bei der Anspannung gehen wir wieder von der Vierergespann-Leine aus und hängen dementsprechend zwei Hunde vorne und einen hinten an (Grafik a).

Vorne zwei Tuglines und die Hunde am Halsband zusätzlich mit einer Leader-Neckline (diese ist manchmal etwas länger) verbinden.
Hinten eine Tugline und eine Team-Neckline, die an der Mainline befestigt ist.

Oder ein Hund vorne, zwei hinten – eben umgekehrt (Grafik b):

Vorne nur eine Tugline, hinten zwei Tuglines und zwei Team-Necklines, die wieder an der Mainline befestigt sind.

Manchmal ist das Anspannen auch sehr individuell!

Immer wieder sieht man auch individuelle Anspannarten – etwa mit zwei Leinen oder ähnlich. Diese Selfmade-Konstruktionen entstehen im Training immer dann, wenn individuelle Lösungen gefragt sind. Das Wichtigste ist auch hier: Die Anspannung muss in der Praxis für Sie und Ihren Hund passen!

Panicsnap

Der Panicsnap ist das wichtigste Verbindungstück zum Läufer bzw. zum Fahrzeug und die Sollbruchstelle für den Ernstfall! Mittels Reißleine löst sich der Federbolzen mit einem Ruck auch unter starkem Zug von der Zugleine und gibt so den Hund frei. Damit ist zunächst einmal der Mensch außer Gefahr und wird nicht nach einem Sturz auch noch mitgeschleift oder Schlimmeres. Panicsnaps leisten auch wertvolle Dienste beim Sichern und Üben mit unruhigen Gespannen am Start, falls Sie keinen Dog Handler haben.

Für Fahrzeuge machen Panicsnaps inklusive Befestigungsmöglichkeit Sinn (Bikeschlupf), für den Bauchgurt genügt ein einfacher Panicsnap, der am Bauchgurt befestigt wird. In der Praxis hat sich bewährt, die Reißleine eventuell zu verlängern, sodass sie griffbereit ist oder sogar immer ums Handgelenk getragen werden kann.

Der Panicsnap mit Reißleine sorgt im Notfall für Sicherheit.

Durch die Bike-Antenne ist eine flexible Führung des Zugseils gewährleistet.

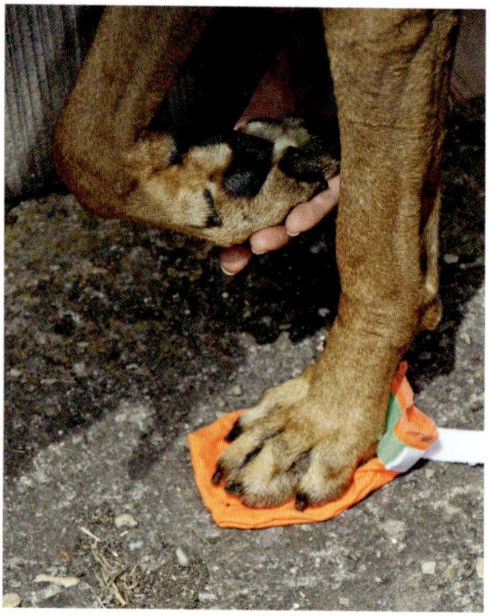

So kann man testen, ob der Bootie passt.

Die Bike-Antenne

Auch hier gibt es, je nach Hersteller, verschiedene Varianten. Gemeint ist eine flexible Führung für das Zugseil. Sie ist unbedingt empfehlenswert, damit das Zugseil nicht in das Vorderrad rutschen kann, wenn der Hund im Zug doch einmal nachlassen sollte bzw. unverhofft bremst oder abbiegt. Lenken können Sie mit der Bike-Antenne nicht, auch wenn diese am Lenker befestigt ist. Eine abnehmbare Bike-Antenne erleichtert den Transport des Fahrzeugs.

Booties

Wie schon erwähnt, sollte der Hund zum Schutz der Pfoten je nach Belastung und Untergrund diese Hundeschuhe tragen. Sie sind in unterschiedlichsten Materialien und Formen erhältlich. In jedem Fall müssen sie passgenau sitzen, um Falten und Scheuerstellen zu vermeiden, aber groß genug sein, damit sich die Pfote bei Belastung ausdehnen kann.
Stellen Sie den Hund auf das Bootie und heben die andere Pfote an, damit er die Pfote auf dem Bootie stehend belastet. Dann sehen Sie, ob die Breite ausreicht.

Mit einem Fahrzeug oder zu Fuß?

Nun stellt sich die Frage nach dem „Anhängsel". Dieses Buch beschreibt die Möglichkeiten der Anspannung an der Zugleine (also ohne Zugbügel oder -stange)

- zu Fuß (Canicross)
- mit dem Roller (Scooter)
- mit dem Fahrrad/Mountainbike (Bikejöring)
- mit dem Dreirad (Trike)

Wenn der Hund das Prinzip „Ziehen" einmal umsetzen kann, entscheidet sich der Freizeitmusher nun für eine der oben genannten Möglichkeiten. Welche, hängt immer vom Talent, der Sportlichkeit und vor allem von den persönlichen Vorlieben ab.
Im Folgenden beschreibe ich eine sportliche, aber familienverträgliche Variante und nicht den wettkampforientierten Leistungssport.

Auch dieser Zughundesportler hat mal klein angefangen.

Canicross

Dies ist für viele Anfänger der Einstieg: ein Hund, ein Zuggeschirr samt Leine und ein Paar Laufschuhe. Mehr Ausrüstung ist anfangs nicht nötig.
Jahre später sieht man manchmal dieselben „Anfänger" mit einem Vier-Hunde-Gespann am Wagen über Feld und Wiesen flitzen. Zughundesport lässt eben keinen mehr los!
Die Möglichkeit, den Hund am Bauchgurt ziehen zu lassen, empfehle ich, wie bereits erwähnt, auch immer dann, wenn Sie Neues üben möchten. Die Unfall- und Verletzungsgefahr ist sehr viel geringer als mit einem rollenden Untersatz.
Beim Laufen mit Hund ist die größte Sportlichkeit bzw. Kondition seitens des Menschen gefragt, denn hier sind Sie ausschließlich zu Fuß unterwegs und versuchen mit Ihrem Hund mitzuhalten.

Die vom Hund geleistete Zugkraft ist dafür am geringsten, daher auch gut mit kleinrassigen oder bereits älteren Hunden zu bewältigen.

Das Equipment ist sehr überschaubar:

- Bauchgurt
- Panicsnap
- Jöringleine mit integriertem Ruckdämpfer
- Halsband
- Passendes Laufgeschirr
- Entsprechend robuste, möglichst signalfarbene Laufkleidung und -schuhe (Trailrunning)
- Sonstige Laufausrüstung, eventuell Wasserflasche
- Handschuhe
- Gegebenenfalls auch Sonnenbrille, für abends Stirnleuchte und Glocke

Möglicherweise haben Sie ja auch vor, gemeinsam mit Ihrem Hund etwas für Ihre Figur zu tun. Dann ist diese Art Laufhundesport natürlich die effizienteste. Der Hund unterstützt Sie, wenn es mal bergauf geht oder wenn anfangs die Puste fehlt. Für den Aufbau Ihrer persönlichen Kondition gibt es viele Lauf-Ratgeber in Buchform und den besten Trainer der Welt haben Sie vor sich an der Leine! Oder umgekehrt: Sie sind bereits ein routinierter Läufer und haben nur noch nie darüber nachgedacht, den Hund nicht nur als Begleiter, sondern als Unterstützung mitzunehmen. Viele Läufer berichten auch, dass der Hund-Mensch-Rhythmus, wenn dieser einmal eingespielt ist, viel zur persönlichen Fitness beiträgt. Ihre Körperbalance ist mit Hund anders, weil sich Ihr Schwerpunkt nach hinten verlagert und die Schrittlänge größer wird – Muskelkater inklusive.

Frank Godulla und Molly – ein perfektes Team beim Canicross.

Falls Sie als Motivation und Trainingsziel ab und zu einen Wettkampf mögen: Es finden zahlreiche Läufe in der Disziplin Canicross in ganz Deutschland und international statt und viele davon bieten inzwischen den Start in der Gästeklasse (also auch ohne Vereins- oder Verbandsmitglied zu sein) an!

Roller – Scooter

Für viele ist der Scooter nach dem Canicross die erste „Er-fahrung“! Die meisten Roller sind in der Regel schwerer als ein Bike, daher laufen sie je nach Untergrund ruhiger und vermitteln das größere Sicherheitsgefühl.
Oft höre ich auch die Meinung, dass man sich im Falle eines Sturzes besser und schneller vom Fahrzeug lösen kann. Dies ist allerdings subjektives Empfinden des Einzelnen. Sicher ist, dass der Schwerpunkt tiefer liegt und daher ruckartige Bewegungen des Hundes besser abgefangen werden können. Auch schnelles Auf- und Absteigen ist einfacher.
Unterstützen können Sie den/die Hunde hier nicht im gleichen Maß wie beim Bike. Denn das gleichmäßige Anschubsen des Rollers erfordert sehr viel Übung. Die direkte und technisch feiner abgestimmte Unterstützung mit einer Schaltung wie beim Bike fehlt hier ebenfalls. Dafür wiederum ist die Bewegung des Pedalens, wenn man im Winter auf den Schlitten oder zumindest einen Kicksledge umsteigen mag, dieselbe.
Der Gleichgewichtssinn wird hier auch auf eine andere Weise angesprochen als beim Radfahren. Für viele ist dies also eine Umstellung auf der ganzen Linie. Der Scooter wird in der Regel mit einem oder zwei Hunden an der Zugleine gefahren.

Hierfür benötigen Sie:

- Panicsnap mit Bikeschlupf
- Führung/Abstandhalter für die Zug- bzw. Jöringleine
- Jöringleine mit integriertem Ruckdämpfer
- Halsband
- Passendes Laufgeschirr
- Entsprechend robuste Kleidung und Schuhe
- Fahrradhelm mit Visier oder Schutzbrille
- Handschuhe und Signal-/Sicherheitskleidung, gegebenenfalls auch Stirnleuchte und Glocke

Carmen und Jara haben sich für den Scooter entschieden.

Es gibt mittlerweile zahlreiche Varianten und Anbieter von Dog Scootern. Die Auswahl richtet sich immer nach dem Einsatzgebiet (City oder Offroad) und der Kraft Ihrer Hunde. Hier sollten Sie sich vom Fachmann und Ihrem Zughundetrainer beraten lassen und selbst Probe fahren.
Der Lenker muss in der Höhe zu Ihrer Körpergröße passen und Sie sollten

Der Scooter lässt sich an einem normalen Fahrradständer am Auto befestigen.

eine gute Standfestigkeit auf dem Trittbrett haben (mit beiden Füßen neben- oder hintereinander). Das Trittbrett sollte auch bei Nässe, Schnee oder Schlamm noch guten Halt für Ihre Sohlen bieten. Bei manchen Modellen lässt sich die Bodenfreiheit des Trittbretts variieren. Hier ist zu bedenken: Große Bodenfreiheit bedeutet mehr Einsatz Ihrer Oberschenkel- und Gesäßmuskulatur beim Pedalen und manchmal eine Überbelastung der Achillessehne. Trotzdem haben Scooter in der Regel weniger Bodenfreiheit als ein Bike. Wer also später tatsächlich über Stock und Stein fahren will, ist von Anfang an mit Letzterem besser beraten.

Im Freizeitbereich sollten Sie darauf achten, dass der Scooter zwar geländetauglich, aber auch im Straßenverkehr zugelassen ist (zwei voneinander unabhängige Bremsen, Licht vorne und hinten, Klingel). Möglicherweise wollen Sie ja mit dem Scooter zunächst eine kurze Strecke an der Straße entlang bis zum Training und wieder nach Hause fahren, wobei Ihr Hund neben Ihnen her läuft.

Die meisten Scooter lassen sich auf handelsüblichen Fahrradständern am Auto befestigen und sicher transportieren. Dazu muss die Scooter-Antenne abnehmbar sein. Darauf sollten Sie beim Kauf auf jeden Fall achten.

Mountainbike – Bikejöring

In Anlehnung an das Skijöring (ursprünglich norwegisch Kjöring = Fahrsport, Hinterherziehenlassen auf Langlaufski am Pferd, von Hunden oder Geländefahrzeugen ist in Norwegen beliebter Wintersport) ist die grüne Sommervariante das Bikejöring.

Das Rad wird in der Regel mit einem oder zwei Hunden an der Zugleine gefahren. Manche Fahrer bevorzugen die Befestigung der Leine am Bauchgurt, andere die Befestigung der Zugleine am Lenker. Ein robustes Freizeitrad genügt anfangs, daher ist diese Variante recht preisgünstig.

Bikejöring ist die sportlichste und je nach Hund auch schnellste Variante des Zughundesports. Hier sollten Sie sich auf jeden Fall zunächst ohne Hund auf dem Rad sicher fühlen bzw. dies trainieren. Auch sind die Anforderungen an das technische Material wegen der hohen Belastung je nach Sportlichkeit beträchtlich. Geschwindigkeiten von 15 bis 25 km/h sind bei gut trainierten Hunden auch über längere Strecken möglich. Beim Sprint vor allem kurz nach dem Start klettert die Tachonadel schon mal auf bis zu 40 km/h. Je nach Gelände benötigen Sie hier Kraft, Körperbalance und eine gute Reaktionsfähigkeit!

Trainierte Vierbeiner galoppieren schon mal mehrere Kilometer am Stück, bevor sie etwas langsamer werden. Generell muss man den Hund, wenn dieser erst mal begriffen hat, worum es geht, immer eher bremsen als unterstützen. Viele, vor allem ambitionierte Sportler wählen das Bike, weil hier die gemeinsame Leistung von Hund und Mensch am besten zusammengeführt werden kann. Die Unterstützung des Hundes ist mit dem Bike präziser – die Kräfte von Hund und Mensch erreichen, einmal aufeinander eingespielt, das Optimum an Geschwindigkeit! Dies setzt ein hohes Maß an Training, Motivation und Beobachtungsgabe des Hundes voraus. Wer mag, kann beim Bikejöring also an die Grenzen des Teams fahren – und darüber hinaus.
Andererseits können Sie auch einfach in moderatem Tempo den Trail und die Natur genießen und Ihren Hund dabei an schwierigen Passagen nach Kräften unterstützen. Es kann durchaus auch mit Bike ganz gemütlich gefahren werden!
Oft können mit dem Bike längere Strecken bewältigt werden als mit dem Roller. Die Belastung des Hundes ist

Das Bikejöring ist die schnellste Variante des Zughundesports.

Schlamm und Matsch gehören immer dazu.

Mit dem Bike kann man durchaus auch gemütlich fahren.

nicht ganz so hoch, da hier das Fahrzeug leichter ist und in der Regel das Mithelfen des Menschen gleichmäßiger und kraftvoller. Daraus ergibt sich natürlich auch die Möglichkeit, das Bike im Sommer bzw. bei höheren Temperaturen zum leichten Training einzusetzen – ebenso empfehlenswert bei älteren, kleineren oder noch jungen Hunden, die mehr Unterstützung vom Fahrer brauchen.

Je nach Vorliebe haben Sie also ein sehr robustes, aber leichtes Mountainbike mit Scheibenbremsen, stabilem Rahmen, grobstolligen Geländereifen und sonstigen technischen Besonderheiten (Federgabel, Klicksystem für die Pedale, Tacho usw.) als fahrbaren Untersatz oder eben unser bereits vorhandenes alltagstaugliches City- oder Tourenbike, das einen Feldweg auch mal aushält und vor allem gute Bremsen hat.
In beiden Fällen gilt gleichermaßen: Ihr Rad muss stets technisch gepflegt sein und robust genug, um einige Strapazen, auch Stürze, auszuhalten. Wenn normale Radfahrer lieber auf das Spinningrad im trockenen und geheizten Fitnessstudio ausweichen, sind Sie zum Bikejöring „bei Wind und Wetter" in Schlamm und Matsch unterwegs!

Außerdem benötigen Sie:
- Panicsnap mit Bikeschlupf
- Führung/Abstandhalter für die Zug- bzw.- Jöringleine oder einen Bauchgurt (beide Fahrweisen gibt es)
- Jöringleine mit integriertem Ruckdämpfer
- Halsband

- Passendes Laufgeschirr
- Entsprechend robuste Kleidung und Schuhe
- Fahrradhelm mit Visier oder Schutzbrille
- Protektoren (vom Inlineskaten) für Handgelenke, Knie, Ellenbogen und den Rücken (Motorrad- oder Reitbedarf)
- Handschuhe und Signal-/Sicherheitskleidung, gegebenenfalls auch Stirnleuchte und Glocke

Beim Rad liegt der Schwerpunkt höher und damit ist die Gefahr, die Balance zu verlieren, größer. Allerdings kennen wir das Radfahren meist von Kindheit an: Wir sind es gewohnt und fühlen uns damit sicher.
Auch bereits beim Anfängerteam gibt der Hund in der Regel das Tempo vor, und dieses ist oft höher, als Ihnen lieb ist. Vor allem, wenn Sie noch ungeübt und im Gelände unsicher sind, sollten Sie die Hände immer an den Bremsen haben und bergab auf jeden Fall absteigen.
Wer zweispännig, also mit zwei (möglicherweise sogar noch großen) Hunden fahren möchte, muss diesen absolut vertrauen können!

Dreirad – Trike

Auch bei diesem anfangs etwas komisch anzusehenden Fahrzeug waren es die Profis unter den Schlittenhundesportlern, die den fahrbaren Untersatz wegen seines höheren Gewichts für ihre Gespanne als Sommertrainingsgerät eingesetzt haben.

Das heutige Freizeit-Trike ist immer noch schwerer und damit etwas sicherer zu fahren als Bike oder Scooter, allerdings deutlich leichter als seine Vorgänger, sodass es auch gut mit einem oder zwei Hunden gefahren werden kann. Die Fortbewegungsart ist hier in der Regel etwas „ruhiger und gesitteter“ als mit den anderen Fahrzeugen.
Das Trike ist in der Straßenlage stabiler und im Gelände durch tiefen Schwerpunkt auch in Kurven recht kippsicher. Es ist für extreme Offroad-Einsätze allerdings nicht geeignet, da

Die Trikes gibt es auch speziell für Kinder.

Das Trike ist recht kippsicher.

es weniger flexibel ist. Außerdem erfordert das Fahren mehr Übung und Balance, da das Kurvenverhalten grundsätzlich anders ist. Der Hund kann durch Pedalen zwischen den beiden Trittbrettern unterstützt werden, ähnlich wie beim Scooter. Trike fahren macht oft auch Kindern Spaß, dafür gibt es besonders kleine Fahrzeuge.

Es besteht auch die Möglichkeit, das Trike mit Zugbügel zu fahren. Hierfür ist eine andere Anspannung erforderlich (Zugbügel und entsprechendes Pulkageschirr).

Außerdem benötigen Sie:

- Panicsnap mit Bikeschlupf
- Führung/Abstandhalter für die Zug- bzw. Jöringleine
- Jöringleine mit integriertem Ruckdämpfer
- Halsband
- Passendes Laufgeschirr
- Entsprechend robuste Kleidung und Schuhe
- Fahrradhelm mit Visier oder Schutzbrille
- Handschuhe und Signal-/Sicherheitskleidung, gegebenenfalls auch Glocke und Stirnleuchte

Worauf beim Training zu achten ist

Bevor es an nun an das richtige Training geht, wie es im nächsten Kapitel beschrieben wird, gibt es noch ein paar Dinge, die grundsätzlich zu beachten sind, unabhängig davon, um welche Art Fahrzeug oder Training es sich später handelt.

Unumgänglich ist es – auch im Freizeitbereich –, immer während des Trainings auf das Wohlbefinden des Hundes zu achten. Unsere Empathie zum Hund und der gesunde Menschenverstand sind hier gute Ratgeber.
Im Zweifelsfall müssen wir immer das Wohlergehen des Hundes vor den persönlichen Ehrgeiz stellen. Wichtig ist es, dass es beiden, Hund und Mensch, beim Sport gut geht – gleichgültig, wie weit Sie kommen oder wie schnell Sie sind!

Außerdem wichtig sind:

- ein gut sitzendes Geschirr (siehe Kapitel Geschirre Seite 34ff.)
- Tagestemperatur und allgemein Witterungsbedingungen
- Streckenbeschaffenheit
- Tagesform des Hundes (Durst, Verdauung, Hormonstatus/Läufigkeit, Stress durch andere Hunde usw.)
- der Zustand von Pfoten/Krallen
- die Muskulatur

Kleine Verletzungen oder Unpässlichkeiten können sich besonders während eines längeren Laufs zu ernst zu nehmenden gesundheitlichen Problemen entwickeln. So könnte beispielsweise aus einer leichten Schonhaltung wegen einer kleinen Pfotenverletzung zunächst eine muskuläre Verspannung und auf Dauer eine Fehlbelastung der Wirbelsäule werden.

Pfoten und Krallen

Ebenso wie beim Auto die Bereifung sind die Pfoten bei diesem Sport der wichtigste Teil des Hundes. Sie stellen den guten Kontakt zum Boden her und sind damit entscheidend für die Laufleistung und Lauffreude.

Eine Kontrolle der Pfoten nach jedem Lauf sollte zur Routine werden, um auch kleine Verletzungen oder Abnutzungserscheinungen an Ballen, Krallen und in den Zehenzwischenräumen sofort zu erkennen und gegebenenfalls zu behandeln. Entzündliche Risse oder Schnitte (sogenannte Cuts oder Splits) kommen vor allem in den Ballenzwischenräumen vor; sie müssen mit Pfotensalbe behandelt und ausgeheilt werden.
Die Ballen selbst sind empfindlich für Schnitt und Schürfwunden. Raue Schotterwege, Asphalt oder harscher Schnee sollten daher vermieden werden und/oder die Pfoten werden vorbeugend mit Booties geschützt.

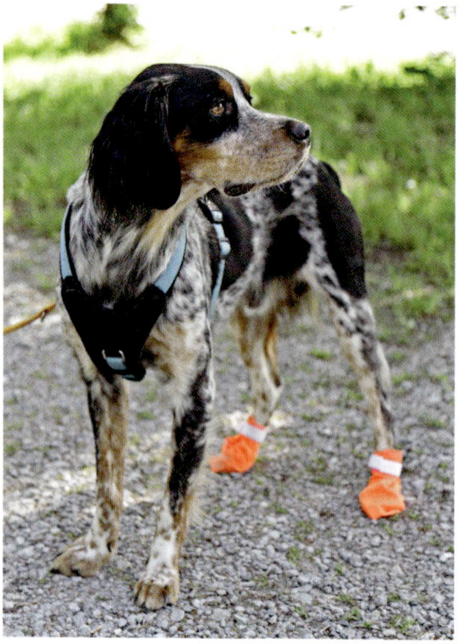

Booties bieten einen guten Pfotenschutz auf harten Böden.

Die Krallen nutzen sich bei Laufhunden je nach Untergrund stark und oft unregelmäßig ab. Manchmal müssen zu lange Krallen und Wolfskrallen wegen der Verletzungsgefahr gekürzt werden. Lassen Sie sich dazu den Umgang mit einer Krallenzange von Ihrem Tierarzt zeigen. Achten Sie auf eine geschlossene Hornstruktur und eine kurze und stabile Länge. Eingerissene, gesplitterte und blutende Krallen sind sehr schmerzhaft und müssen sofort behandelt werden.

Temperatur

Auch an wärmeren Tagen ist Zughundetraining möglich. Bitte passen Sie das Training stets den aktuellen Bedingungen an. In der Regel ist ab 18 °C und/oder leichtem Regen endgültig die Belastungsgrenze der meisten Hunde, auch jener mit kurzem Fell, erreicht. Achten Sie immer nicht nur auf die Temperatur, sondern auch auf die Luftfeuchtigkeit, denn diese hat erheblichen Einfluss auf die Fähigkeit des Organismus, Wärme abzugeben. Die Hitzeanfälligkeit ist von Hund zu Hund verschieden und ändert sich auch im Laufe eines Hundelebens. Jüngere Tiere haben in der Regel eine größere Hitzetoleranz.

Es macht durchaus Sinn, die Strecke so zu wählen, dass ein Bach oder Teich dem Hund Möglichkeit zur Abkühlung und zur Wasseraufnahme bietet. Wichtig ist es, den Hund beim Training gut zu beobachten, mehrere Pausen einzulegen (so lange, bis der Hund nur noch leicht hechelt) und ihm dann auch immer kleinere Mengen Wasser anzubieten.

Anzeichen für Überhitzung sind:

- Schaum vor dem Maul
- torkelnder Gang
- blaue Zunge
- extrem weit geöffneter Fang
- Röcheln
- Sich-auf-den-Boden-Werfen

Beim ersten Anzeichen von Überhitzung brechen Sie selbstverständlich sofort ab und bringen Ihren Hund in den Schatten, bieten ihm kühles Wasser an und

Ideal ist es, wenn sich der Hund zwischendurch in einem Bach abkühlen kann.

kühlen ihn vorsichtig mit feuchten (nicht allzu kalten) Tüchern. Im Zweifelsfall sollte der Hund dem Tierarzt vorgestellt werden.
Im Extremfall kann Überhitzung zum Tod des Hundes führen.

Und im Winter bedenken Sie bitte: Schnee und Kälte können besonders kurzhaarigen Hunden vom Jagdhundetyp zusetzen. Hier ist die Gefahr von muskulären Verletzungen wie Zerrungen, Verspannungen und Muskelfaserrissen bei Belastung groß. Achten Sie hier unbedingt auf ein ausreichendes Aufwärmen (siehe Seite 56f.). Außerdem besteht nach der Anstrengung des Laufs die Gefahr der Unterkühlung. Ein Hundemantel ist hier also keineswegs ein Verzärteln des Hundes; er ersetzt vielmehr die fehlende Isolierschicht der Unterwolle, die den Hund warm hält.
Ob der Hund den Mantel während des Laufes trägt oder nur zum Warm-up oder Cool-down ist abhängig von der jeweiligen Situation. Sehr empfindliche und kurzhaarige Hunde (vom Windhundetyp) tragen gern auch den Hundemantel, z. B. aus Softshell, während des Trainings unter dem Geschirr, um die empfindliche Haut zu schützen. So werden Scheuerstellen, die durch verharschten Schnee, Schlamm oder Sand unter den Gurten bei längerer Belastung entstehen können, vermieden.

Besonders für Hunde mit kurzem Fell, kann ein Softshell-Mantel sehr sinnvoll sein.

Warm-up

Jeder Sportler weiß, wie wichtig es ist, sich vor einer körperlichen und mentalen Anstrengung darauf vorzubereiten. Bei der Arbeit mit Hunden hat sich dieses ebenfalls bewährt; bei den meisten Übungen wird praktischerweise gleich beiden warm: Hund und Mensch. Bitte planen Sie vor allem im Winter immer genügend Zeit für einen sinnvollen Warm-up ein (mindestens 10, besser 15 Minuten).
Am einfachsten ist es natürlich, wenn man zwei oder mehrere Hunde hat, die gut abrufbar sind und man diese zunächst mal frei laufen lassen kann.
Selbstverständlich sollte genug Zeit zum Lösen eingerechnet werden. Mit der Zeit werden Sie beobachten, dass dies immer zügiger geschieht. Profihunde lösen sich in der Regel sofort, wenn sie aus dem Trailer oder vom Stage-out kommen. Wenn wir unsere Alltagsstrecke zum Training wählen, hat auch hier fast jeder Hund bald seine bevorzugte Lösestelle – ganz praktisch also!
Manche Sportler lassen ihren Hund erst mal „warm ziehen", das ist eine Möglichkeit für Hunde, die nicht abgeleint werden können. Wenn Ihr Hund kein Problem mit festeren Berührungen hat, können Sie ihn zu Beginn auch warm rubbeln (wie Abtrocknen, nur ohne Handtuch). Dies steigert allerdings bei vielen Hunden gleichzeitig das Erregungslevel, deshalb bitte gut abwägen.
Dann beginnen Sie mit verschiedenen Übungen mit dem Hund. Dabei können Sie nutzen, was die Umgebung Ihnen anbietet (z.B. Balanceübung auf Baumstämmen oder niedrige Sprünge und Klettern im Gestrüpp) oder Sie übernehmen ein paar Übungen vom Physiotherapeuten.

Das Umrunden eines Beines sorgt für eine Dehnung der Wirbelsäule.

Das „Männchenmachen" wärmt die Hinterhandmuskulatur auf.

Wirbelsäule und Rückenmuskulatur

Der Rücken muss gestreckt und seitlich gedehnt werden. Der Hund sollte sich auf jeden Fall strecken, so wie er es auch oft nach dem Aussteigen aus dem Auto oder nach längerem Liegen tut. Wenn möglich, diese Position halten (Verbeugung). Hunde, die miteinander spielen, zeigen diese Körperhaltung als Spielaufforderung.
Auch die Wirbelsäule nach beiden Seiten, also nach oben und unten, zu dehnen, ist ratsam. Dafür ist der Slalom oder auch das Umrunden eines Beines besonders geeignet, da macht der Mensch gleich mit.

Hinterhandmuskulatur

Zum Aufwärmen können Sie, wenn das Gelände sich anbietet, den Hund eine kleine Steigung rauf und runter rennen lassen, wenn möglich auf einer Wiese oder im Unterholz , da Letzteres sehr gut für die Koordination der Hinterläufe ist. Sie können den Hund dabei auch z.B. einen Dummy apportieren lassen. Achten Sie darauf, dass dies nicht das Beutespielzeug für das folgende Zugtraining ist.
Stehen auf den Hinterläufen sieht aus wie ein Kunststückchen, ist aber gleichzeitig ein gutes Krafttraining.

Übung zur Fokussierung

Um die Aufmerksamkeit des Hundes bei aller Aufregung vor dem Start wieder auf Sie zu fokussieren, hat sich diese Konzentrations- und Koordinationsübung bewährt:

- Name des Hundes nennen,
- Blickkontakt abwarten,
- Futterstückchen werfen
- und der Hund darf es fangen.

Bei mehreren Hunden sollte dabei jeder einzelne Hund nur auf seinen Namen reagieren und dafür bestätigt werden.

Cool-down

Cool-down bedeutet nicht, dass man den Hund zum Ausruhen möglichst schnell ins warme Körbchen lässt, sondern vielmehr, den Organismus und Kreislauf des Hundes langsam wieder auf Normalmaß zu bringen. Dies dient dazu, um ein Übersäuern der Muskulatur nach der Anstrengung so gering wie möglich zu halten. Ideal ist es auch hier, wenn Sie einen Weg finden, Ihr persönliches Cool-down und das des Hundes miteinander zu verbinden.
Besonders stressanfällige und nervöse Hunde, die durch die Bewegung auch psychische Anspannung sozusagen „rausrennen“, müssen nach der Belastung

Eine beruhigende Massage gehört zum Cool-down.

gegebenenfalls mit einer langsamen Massage wieder beruhigt werden. Nachgewiesen ist, dass durch das Laufen die Stresshormonkonzentration im Blut schnell und langfristig gesenkt werden kann, aber nur, wenn ein Abbau dieser Stresshormone gezielt herbeigeführt wird. Nur dann ist der gewünschte Erfolg, nämlich dass der Vierbeiner auf Dauer gelassener wird, auch gewährleistet.
Ohne gut aufgebautes Cool-down findet die Erregung des Hundes kein Ventil und damit auch kein Ende. Hier ist die Gefahr, dass Sie auf Dauer das unruhige und in manchen Fällen problematische Verhalten des Hundes eher noch fördern, sehr groß! Leider wird einem vernünftigen Cool-down meist noch weniger Beachtung geschenkt als einem Warm-up.

Nach der Belastung sind zur Regeneration folgende Übungen sinnvoll:

- Als Erstes nehmen Sie Ihrem Hund das Laufgeschirr ab.
- Ziehen Sie Ihrem Hund ruhig einen Hundemantel an, um allzu schnelles Auskühlen der Muskulatur zu verhindern, auch wenn es nicht sehr kalt ist! Besonders nervösen Vierbeinern vermittelt der Hundemantel auch oft ein Geborgenheitsgefühl, das beim Entspannen hilfreich ist.
- Wenn Sie mit Futterritual bzw. -belohnung arbeiten, bekommt Ihr Hund jetzt das Futter. Bei sehr stark erregbaren Hunden hat sich das Füttern aus einem mit Futter gefülltem Spielzeug bewährt. Dies beruhigt, ebenso wie Futterstücke einzeln im Gras zu erschnüffeln und aufzusammeln. Auch über den Boden gerollten runden Hundekeksen hinterher zu laufen, baut Stress ab.
- Wichtig: Den Hund nicht nach oben springen lassen! Die Haltung des Hundes sollte immer eher mit gesenktem Kopf sein.
- Nach dem Fressen 5 Minuten kontrollierter und langsamer Auslauf, dabei trägt der Hund das breite Halsband mit langer Leine. Folgen Sie nun ruhig Ihrem Hund und achten Sie darauf, dass er jetzt „runterkommt“. Falls Sie ein konditioniertes Entspannungssignal bzw. -wort haben, können Sie dies nun einsetzen.
- Massage/Streicheln in langsamen ruhigen Bewegungen möglichst im eigenen Atemrhythmus können mit einem konditionierten Entspannungssignal kombiniert werden. Außerdem entdecken Sie hierbei mögliche Verspannungen oder kleine Verletzungen und können diese sofort behandeln.

Das Training

Meine Trainingsvorschläge sind so aufgebaut, dass sie größtenteils ohne dritte menschliche oder tierische Helfer zu bewältigen sind. Der Hund lernt: Hier und jetzt soll ich rennen und ziehen! Und am Ende wartet immer die supertolle Belohnung! Abgesehen davon, dass Rennen als Bestandteil der Hetzjagd ja an sich schon selbstbelohnend ist.
Beim Zughundetraining arbeite ich mit den Methoden der modernen Hundeerziehung und übernehme dazu die im Folgenden aufgeführten geläufigen Begriffe.

Clicker oder Marker(-wort) – im Text abgekürzt **M**
Ein Geräusch oder Wort, das vorab klassisch konditioniert werden muss. Es verdeutlicht dem Hund: Was Du in diesem Moment tust, ist richtig – Belohnung folgt. Mit dem Markergeräusch oder -wort können Sie punktgenau das Verhalten einfangen, auf das es Ihnen ankommt. Der Hund ist motiviert, genau diesen Punkt (= Verhalten) immer wieder zu erreichen, und wird demnach das Verhalten wiederholt und immer besser zeigen. Erst im zweiten Schritt führen Sie für das gezeigte Verhalten dann ein Signal/-wort ein (z. B. „Ziiiieh“).

Belohnung – im Text abgekürzt **B**
Es gibt zahlreiche Möglichkeiten, Ihren Hund zu belohnen! Ideal ist immer, die Belohnung zu bieten, die gerade zur Situation passt (z. B. beim Anblick des Hundekumpels, nachdem sich Ihr Hund an Ihnen orientiert hat **M**, dann **B**, Ihr Hund darf zum Spielen). Situativ zu belohnen ist in der Praxis allerdings oft schwierig. Im Zughundetraining setzen Sie meistens das Beutespielzeug als Belohnung ein, manchmal auch Futter oder schlicht die Tatsache, weiter rennen zu dürfen. Da Rennen, Hetzen und Jagen selbstbelohnend ist, ist diese Belohnung sehr hochwertig.

Positiv belohnen
Dinge, die der Hund richtig macht, werden mittels Marker quasi „kommentiert“ und mit etwas für den Hund Positivem belohnt – das muss nicht immer Futter sein! Bei den Anfangsübungen allerdings ist Futter oft ein guter Verstärker, nicht zuletzt, weil Fressen und Kauen beruhigt. Training und Lernen mit niedrigem Erregungslevel ist nachhaltiger.
Bitte versuchen Sie immer, korrektes Verhalten zu belohnen, statt zu warten, bis der Hund einen Fehler macht. Präzises Timing und ein kleinschrittiger Aufbau der einzelnen Sequenzen sind hier oft sehr entscheidend für den Lernerfolg! Falls doch mal ein Fehler passiert, lassen Sie diesen weitestgehend ohne Kommentar. „Nein“ oder ähnliche Abbruchsignale, die Ihr Hund vielleicht kennt, unterbrechen den Lernprozess und erzeugen Frust – auf beiden Seiten.
Das Erregungslevel ist naturgemäß sehr hoch. Bitte versuchen Sie, es trotzdem so gering wie möglich zu halten. Denn bei zu viel Aufregung ist ein Lernen nicht mehr möglich und auf Dauer schadet ein zu hohes Stresslevel auch der Gesundheit Ihres Hundes.

Erste Praxisübungen noch statisch

Lernen findet idealerweise immer unter wenig Ablenkung statt. Wählen Sie also anfangs immer die gleiche Umgebung, die dann für den Hund reizarm ist. Dann kann er sich besser auf das gemeinsame Lernen konzentrieren.
Da die ersten Übungen noch recht statisch sind, können Sie gern auf einer Wiese oder im Garten durchgeführt werden.

Übung 1: Geschirr anziehen

Das Zuggeschirr sollte erst unmittelbar vor dem Ziehen angelegt und auch sofort nach dem Training wieder ausgezogen werden!
Anfangs ist es auch für Menschen eine kleine Herausforderung, das ungewohnte Zuggeschirr dem Hund richtig anzuziehen. Umso besser, wenn der Hund gelernt hat mitzuarbeiten. Dies ist zwar nicht zwingend erforderlich, aber entspannter. Es ist angenehmer für viele Hunde, nicht nur vom Menschen wortlos und von oben manipuliert zu werden, sondern selbst ins Geschirr zu schlüpfen. Dies gilt übrigens für alle Handling-Übungen auch im Alltag (z. B. Ohren-, Zähne- und Pfotenkontrolle).
Es beginnt immer damit, dass der Mensch das Geschirr in der Hand rafft, mit der Zugschlaufe nach hinten oben. Der Ausschnitt für den Kopf bleibt frei und wird nun weit geöffnet.

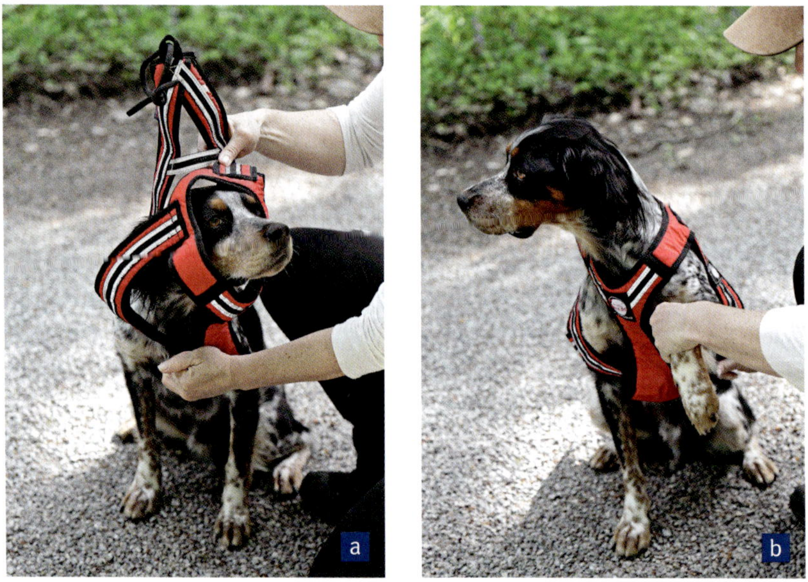

Das Geschirr richtig anziehen: Erst mit dem Kopf durchschlüpfen (a), dann werden die Pfoten eingefädelt (b).

Bitte klemmen Sie Ihren Hund nicht zwischen die Beine, sondern knien oder stehen Sie jetzt vor oder neben ihm!
Ihr Hund wird aufgefordert, seinen Kopf durch den Halsausschnitt zu stecken (extra üben als Trick). Dann werden auch nach Ansage „Pfote hoch" die Pfoten nacheinander sanft eingefädelt. Ellenbogen und Pfotengelenk müssen hierbei gebeugt werden.
Der Mensch steht nun auf und überprüft – aber bitte nicht über den Hund gebeugt – mit moderatem Zug den Sitz des Geschirrs. Geschafft!

Schnell wird das Anlegen des Geschirrs zum Signal dafür, dass gleich gelaufen werden darf, daher steigt die Aufregung. Achten Sie immer besonders darauf, dass das Erregungslevel des Hundes trotzdem so niedrig wie möglich bleibt.
Sollte Ihr Hund sich schon jetzt gar nicht mehr beruhigen lassen, ziehen Sie ihm das Geschirr wortlos wieder aus und gehen einfach nur ein paar Schritte an Leine und breitem Halsband, bis er sich etwas beruhigt hat. Falls es die Zeit erlaubt, starten Sie nach etwa 10 Minuten einen weiteren Versuch. Falls nicht, kommt der Hund ins Auto oder Sie gehen zu Fuß nach Hause. Heute wird nicht gerannt. Das genügt meist als Strafe.

Übung 2: Dem Zug standhalten

Dies ist die erste Balance- und Kraftübung.

- Der Mensch steht gerade hinter dem Hund und greift in die Zugschlaufe.
- Moderat Zug aufbauen, wer mag sagt „Ziiiieh".
- Sobald der Hund mit Gegenzug reagiert bzw. dem Zug des Menschen standhält: **M+B.**
- Dauer des gehaltenen Zuges verlängern, Balance halten und wenn möglich die Muskelarbeit des Hundes (insbesondere die der Hinterhand) beobachten.

Wenn eins vorhanden ist, können Sie auch ein Theraband durch die Zugschlaufe fädeln und daran ziehen. So können Sie noch genauer die Spannung sehen, die der Hund aufbaut.

Als weitere Variante können Sie den Hund ein geringes Gewicht (mit Sand gefüllte 1,5 l Wasserflasche, ein Skateboard, einen kleinen Mofareifen, im Winter Kinderschlitten oder Ähnliches) ein paar Meter ziehen lassen. Dabei gehen Sie neben dem Hund her und achten darauf, dass er keine Angst vor etwaigen Geräuschen hat. Kein Hund soll ziehen, weil er sich fürchtet und flüchten will!
Anfängerhunde machen bei der ungewohnten Belastung gern einen Katzenbuckel. Das ist normal und legt sich in der Regel schnell von selbst. Denn dieser kostet viel mehr Kraft, als mit geradem Rücken Zug aus der Hinterhand heraus aufzubauen.

Diese Übung stärkt auch das Selbstbewusstsein des Hundes, das er später braucht, um nach vorne zu gehen und zu arbeiten. Deswegen achten Sie beson-

Obwohl ihm das Geschirr etwas zu groß ist, hält Leo dem Zug stand.

ders darauf, dass **M+B** immer auch in dieser Position (= vorne) gegeben werden. Der Hund soll sich nicht von selbst umdrehen! Erst nach dem Marker wendet er sich Ihnen zu.

Übung 3: Kleines Line Out (und Steh)

Das Lernziel dieser Übung ist, dass Ihr Hund ohne Unterstützung, selbstbewusst, konzentriert und ruhig nach vorne gehen soll, bis die Leine Spannung hat und diese soll er halten. Das verwendete Signalwort lautet „Line Out".
Zunächst verankern Sie die Zugleine (Jöringleine mit Ruckdämpfer) am freien Ende an einem Baum oder Ähnlichem. Ihr Hund ist im Zuggeschirr; daran befestigten Sie nun die Zugleine.

Sie stehen neben dem Hund und locken ihn nach vorne, bis die Leine Spannung hat (beobachten Sie den Ruckdämpfer in der Leine). Diese Spannung wird für einen Moment gehalten. **M+B**.
Nun lassen Sie sich immer mehr zurückfallen (Richtung Ankerpunkt) und ermuntern den Hund, selbstständig nach vorne zu gehen, Spannung aufzubauen und diese zu halten.
Üben Sie, bis Sie am Ankerpunkt stehen und den Hund nach vorne schicken können.

Variante bei gleichem Übungsaufbau: Ihr Hund soll die Spannung immer länger halten und dabei stehen bleiben.

Das Üben des „Line Out“ wie im Text auf Seite 62 beschrieben.

Übung 4: Signal „Line out“ und „Okay“ oder „Go“ für Loslaufen

Als Nächstes lösen wir die Zugleine vom Ankerpunkt und nehmen sie fest in die Hand (Handschuhe!). Nun ermuntern Sie den Hund, nach dem Line out noch einige Schritte zu gehen, und Sie lassen sich hinterherziehen. Halten Sie anfangs den Gegenzug nicht allzu kräftig und versuchen Sie, ruckartiges Anziehen zu vermeiden. **M+B**: Bitte hier ganz genau auf das Timing achten. Der Marker erfolgt unbedingt im Zug und in der Bewegung nach vorne!

Hier lernt der Hund, auf Signal nach vorne zu ziehen.

Erst wenn die statischen Übungen abgeschlossen sind, können die ersten Trainingseinheiten in der Bewegung erfolgen.

An diesem Punkt hilft es manchmal als Zwischenschritt zur Motivation, dem Hund ein sichtbares Ziel zu setzen, z. B. wenn er auf ein zuvor ausgelegtes Spielzeug zulaufen darf. Hilfreich ist hier natürlich immer auch eine zweite Person, die den Hund lockt. Geübte Hundesportler können hier auch bereits bekannte Signalworte aus anderen Bereichen wie „Voran“ oder Ähnliches einsetzen.
Eine weitere Möglichkeit, die jedoch etwas mehr Übung erfordert, ist es, hier die unter Jagdritual (siehe nächstes Kapitel) beschriebene Verhaltens- und Belohnungskette einzuführen. Einige gute, kraftvoll gezogene Meter sind uns wertvoll! Die Orientierung nach vorne ist für viele Hunde sehr schwer und ungewohnt. Schließlich lernen sie im traditionellen Training immer, nach dem Menschen zu schauen, und dieser steht nun hinter Ihnen.

Die Strecke kann beliebig verlängert werden. Wer mag, trainiert hier auch an einer leichten Steigung. Dies ist erstes Training zum Muskelaufbau und bei sehr großen und kraftvollen Hunden erleichtert es manchmal das Handling.
Sobald Sie die doch noch recht statischen Anfangsübungen absolviert haben, können Sie mit dem nächsten Trainingsschritt beginnen.

Basisübungen in der Bewegung

Die Motivation und das Belohnungsprinzip bei diesen Übungen sind ein stilisiertes Jagdritual, und zwar das Loshetzen und Packen der Beute.
Die Ausgangssituation für das Training unseres Familienhundes ist naturgemäß eine völlig andere als die der Profis. Letztere lassen einen jungen Hund anfangs frei, später mit leichtem Zug im Gespann mitlaufen. Der Anfängerhund lernt von seinen Teamkollegen sozusagen „automatisch" bzw. mit viel weniger Unterstützung des Menschen, was von ihm verlangt wird. Die spätere Entwicklung des Hundes kann durch verschiedene Positionen im Gespann gefördert werden, je nach Talent und Arbeitswillen findet so jeder Hund seinen Platz.

Für unseren Familienhund, der von Beginn an auf sich gestellt ist, habe ich eine andere Trainingsmethode entwickelt. Angelehnt an die Kenntnisse der Verhaltensbiologie liegt als Motivation und Strategie diesem Training die Hetzsequenz des Jagens zugrunde.
Ihr Hund rennt und jagt hier „auf Verdacht", er weiß also nie, ob es sich letzten Endes lohnt (ob er Beute abbekommt) oder nicht. Genau genommen wie in der Natur auch ist der Jagderfolg ungewiss.
Diesen Erfolg garantieren wir im Zug- bzw. Renntraining. Der Jagderfolg ist das Packen und Fressen der Beute. Im Training sieht das so aus:
Beim Hund soll die Erwartung entstehen: Wenn ich renne und ziehe (also hetze) und später auf die Signale des Menschen achte, fällt die Belohnung vor mir vom Himmel (in der Natur saust vielleicht ein Kaninchen aus dem Gebüsch) und ich darf sie packen (Jagderfolg) und möglicherweise sogar gleich fressen (Futterdummy). Soweit die Grundlage aus der Biologie!

Vorbereitung zur Jagdsequenz

Sie suchen sich ein Spielzeug aus, das für Sie leicht zu transportieren und gut zu werfen ist. Gummibälle ohne Schnur, Echtfelldummys, Critter oder Stoffspielzeugtiere haben sich hier bewährt. Bitte keine Tennisbälle oder Quietschespielzeuge verwenden! Dieses Spielzeug hier dient ab sofort als Beuteersatz und wird ausschließlich für das Zugtraining verwendet.
Bei Hunden, die besser über Futter zu motivieren sind, setzen Sie einen kleinen Futterdummy als Beute ein. Beute zu packen und zu fressen ist in jedem Fall im Instinkt Ihres Hundes verankert.

M+B bedeutet in diesem Fall: **M**arker(-wort) + **B**elohnung (= Spielzeug nach vorne werfen).

Mit dem Beutespielzeug üben Sie zunächst in Abwesenheit des Hundes zielgenaues Werfen, auch wenn Sie sich bewegen. Es ist zwingend notwendig, dass Sie einschätzen können, wo das Spielzeug landet. Denn später wird Ihr Hund hinterher hetzen, auch in den Straßengraben (siehe auch „Sicherheits und Fahrtraining“ Seite 81ff.).

Übungen in der Bewegung ohne Fahrzeug

Motivieren Sie Ihren Hund mit dem Beutespielzeug etwa 30 Sekunden, also nicht zu lange. Bei sogenannten Balljunkies fällt diese Vorbereitung weg, sonst ist das Erregungslevel gleich zu Beginn der Übung unnötig hoch.
Beginnen Sie mit dem Übungsaufbau für Line Out und Go. Lassen Sie sich vom Hund einige Meter ziehen; entscheidend ist wieder, dass Ihr Hund selbstständig zieht und dabei vor Ihnen läuft.
Im maximalen Auszug: **M+ B**.
Jetzt werfen Sie das Spielzeug über den Kopf des Hundes ein Stück nach vorne auf den Weg. Er darf hinrennen und Sie kraftvoll hinterherziehen. Das ist die Beutebelohnung!
Es ist im Anschluss unerheblich, was der Hund danach mit dem Beutespielzeug macht. Die Übungssequenz ist hiermit beendet.

Bitte lassen Sie Ihrem Hund unbedingt zunächst die Beute, denn sie dient auch als Ventil für die Aufregung der Jagd – tot schütteln oder darauf liegen/wälzen gehören ebenso schon zum Belohnungsritual. Lassen Sie Ihrem Hund hier genug Zeit und feiern Sie den Jagderfolg mit ihm. Wenn Ihr Hund dies kann, darf er nach einer gewissen Zeit apportieren (zugegebenermaßen Ist das für Sie sehr praktisch). Falls nicht, tauschen Sie das Spielzeug zu gegebener Zeit gegen Futter ein.

Der Ball ist in dem Fall der Beuteersatz.

Je nach Konzentrationsfähigkeit und Übungsfleiß kann die Übung mehrmals wiederholt werden. Auch hier gilt: Aufhören, wenn's am schönsten ist, bestenfalls sogar etwas früher! Bitte achten Sie hier ganz genau auf Ihr Timing! Wichtig ist die Ausrichtung des Hundes nach vorne. Viele Hunde sind es bereits gewohnt, zum Menschen zu

Der Hund zieht motiviert nach vorne, um an seine Belohnung zu gelangen.

schauen, weil sie dann sehen, wohin das Spielzeug geworfen wird. Das wollen wir in diesem Fall nicht! Ein oder zwei Lernschritte zurück sind in diesem Fall ratsam.

Variante ähnlich wie oben: Das Spielzeug, anfangs auch in Kombination mit Futter, wird nach vorne gelegt (Hund wartet so lange oder wird festgehalten). Dann Line out und Go!

Weil somit die Jagdleidenschaft vieler Hunde genutzt wird, dient das Zugtraining mit dieser Methode der Jagdprävention. Es ist sozusagen ein Jagd-Ersatz-Training. Damit lässt sich die unerwünschte Jagdleidenschaft vieler Vierbeiner in geordnete Bahnen lenken. Jagen findet nun mit Ihnen gemeinsam (also im Rudel) und auf dem Trail statt. Aufregung und Adrenalin werden dabei in Laufenergie umgesetzt. Das Glücksgefühl des Jagens (Endorphin-/Dopaminausschüttung) als Belohnung ist garantiert.

Die Hund-Mensch-Beziehung wird auf diesen gemeinsamen Jagdzügen vertieft oder sogar erst richtig aufgebaut, denn nur wenn Ihr Hund Ihre Signale befolgt, darf er loshetzen und bekommt letzten Endes seine Beute, falls nicht, wird er ausgebremst – das ist ein Jagdmisserfolg! Entscheidend dabei ist, dass Sie der Anführer des Raubzuges sind. In dieser Rolle hat Ihr Hund Sie bisher höchstwahrscheinlich noch nicht erlebt!

Abgewöhnen werden Sie Ihrem Hund das Jagen nie! (Dies liegt in seiner Natur.) Da aber der Jagderfolg in diesem Training immer garantiert ist, lernt er, wie „einfach“ es ist, mit Ihnen gemeinsam zu jagen. Aufgrund dieser Erfahrung wird er diese von Ihnen bestimmte Vorgehensweise immer wieder wählen.

Und keine Angst: Ihr Hund wird deswegen nicht noch mehr jagen, als er es möglicherweise eh schon tut.

Ist dieses Prinzip etabliert, können Sie immer und überall darauf zurückgreifen – jede neue Herausforderung kann auf diese Weise gemeistert und geübt werden.

Trainingsumgebung und -strecke

Da in der Regel die Ablenkung durch andere Hunde sehr groß ist und es dann zu Unfällen kommen kann, sind die Hundewiese, die tägliche Gassirunde und andere Hunderouten nicht die ideale Trainingsumgebung.
Am besten geeignet sind einsame grüne oder fein geschotterte Wald- und Wiesenwege. Sie sind gut für die Seele, bieten wenig Ablenkung und schonen die Gelenke.
Zugegebenermaßen: Da wir die frühen Morgenstunden wählen oder abends erst trainieren, wenn es kühler ist, kommt der gesellschaftliche Aspekt zu kurz – der Schwatz unter Hundebesitzern fällt aus. Aber seien wir mal ehrlich, wovon hat Ihr Hund wohl mehr?

Laufhundesport macht manchmal einsam – aber mit Hund ist man nie allein!

Das Klassenzimmer des Zughundetrainings

Die Trainingsstrecke ist eines der grundlegenden Trainings- und Hilfsmittel, auf das wir immer wieder zurückkommen oder möglicherweise sogar dabei bleiben, je nach Ehrgeiz und Trainingsziel!
Gemeint ist damit tatsächlich immer dieselbe Strecke, die nun zum Trainingsterrain für alle Punkte in Sachen Laufhundearbeit wird: Sie ist quasi unser „Klassenzimmer“. Hunde lernen und verknüpfen erfolgreich im „Gesamtpaket“, das heißt am besten in reizarmer (weil Ihnen bekannter) Umgebung und ortsgebunden. Dann sind sie aufnahmebereit für Neues und auch für den Menschen ist das „Risiko“, z.B. dem Hunde-Erzfeind zu begegnen oder auf unliebsame sonstige Überraschungen zu stoßen, auf bekannter Strecke kalkulierbarer. Das bedeutet: Auch der Hundeführer kann sich auf die Gestaltung neuer Lernschritte besser konzentrieren.

Ebenso wichtig ist die **Signalwirkung** der Trainingsstrecke fürs Laufen und Ziehen. Verbunden mit weiteren Anzeichen wie

- zu Hause schon den Rucksack und vor allem die Belohnung eingepackt,
- Bike oder anderes Fahrzeug kommt zum Einsatz,
- Laufkleidung des Menschen,
- Canicross-Gürtel und Zuggeschirr mitnehmen,

ist für den Hund ganz klar erkennbar, welche Aufgabe nun von ihm gefordert wird. Die Trainingsstrecke muss also unbedingt als Route klar vom Alltag abgegrenzt und als solche etabliert sein.
Bitte wählen Sie möglichst einen Rundkurs, der anfangs aber nicht allzu lang sein muss (höchstens 2 bis 3 km). Das klingt zunächst eintönig, ist aber fürs Training und vor allem zur Beurteilung der Fortschritte und um Neues zu lernen sehr wertvoll.

Optimal ist es, wenn die Trainingsstrecke außerdem

- ein paar Abbiegungen enthält (und auch die Möglichkeit abzukürzen oder zu verlängern),
- möglichst nicht an allzu vielen Ablenkungen (z. B. Sportplätzen, fremden Gärten mit anderen Hunden oder Viehweiden) vorbeiführt,
- streckenweise gut einsehbar ist,
- eine kleine Steigung und
- eine Möglichkeit zum Abkühlen und Trinken an wärmeren Tagen (See, Bach) bietet.

Am einfachsten ist es natürlich, vom Haus oder immer vom selben Waldparkplatz aus zu starten. Der Weg dorthin sollte nicht allzu lang oder umständlich sein, da es immer einen zusätzlichen Aufwand bedeutet, dorthin zu kommen. Letzteres bietet Nährboden für menschliche Ausreden und den inneren Schweinehund.

Trainingsstrecke

Das Lernziel ist: Beim Hund soll folgende Erwartung aufgebaut werden: „Ich bewältige diese Strecke möglichst konzentriert zügig, selbstständig und ziehe nach Kräften – und am Ende wartet eine tolle Futterbelohnung."
Aufgrund der Verhaltensbiologie hat das folgende Vorteile: konzentrierte (Hetz-)Jagd in einem konditionierten Schema (immer gleicher Weg) und erfolgreicher und verlässlicher Abschluss mit Futterbelohnung! Der Lauf auf dem Trail wird zum Jagd-Ersatz.
Bevor es losgeht, ist selbstverständlich noch Zeit zum Warm-up und zum Lösen; dabei darf der Hund noch machen, was er möchte. Auf der Trainingsstrecke sollte dann aber eine ruhige Trainingsatmosphäre entstehen. Achten Sie darauf, wie gut sich der Hund auf das Vorankommen bzw. das schnelle und korrekte Bewältigen der Strecke konzentriert. Schon aus diesem Grund darf die Strecke anfangs nicht

Die Strecke kann am Anfang mit den Hunden schon im Zuggeschirr abgegangen werden.

zu lang sein! Ein souverän gelaufener Kilometer ist wertvoller als drei unsichere! Außerdem hier bitte nie Gehorsamsübungen, Apportierspiele oder sonstige Alltagskommandos üben!
Sie können zunächst mit dem Hund zügig, gegebenenfalls schon am Bauchgurt und im Zuggeschirr, die Strecke abgehen oder walken. Ideal ist es, wenn der Hund bereits die Anfangsübungen kennt, also Zug auf die Leine bringen kann. Der Hund darf dabei jetzt allein und selbstständig vorweggehen.

Bitte denken Sie an Ihre Sicherheit: Anhalten und stehen bleiben, um zu schnüffeln oder zu markieren, oder gar das Verlassen des Wegs sind auf dieser Strecke tabu! Hier müssen Sie streng sein! Im weiteren Trainingsverlauf, z. B. wenn Sie mit dem Scooter 15 km/h fahren, kann ein abruptes Stehenbleiben des Hundes zu Unfällen führen.

Je nach Lerntempo des Hundes, in der Regel aber nach zwei oder drei Tagen auf der gleiche Runde, beginnen wir mit dem eigentlichen Motivationstraining für diese Strecke:

- Am Ende der Trainingsstrecke (am Auto) wird eine hochwertige Futterbelohnung deponiert, die der Hund **sofort** und noch im Laufgeschirr fressen darf.
- Ideal ist es, wenn wir „rückwärts“ arbeiten, also erst 20/50/100 m vor dem Ziel mit dem eigentlichen Zugtraining starten. Bis zu diesem Punkt gehen Sie zügig mit dem Hund am Halsband und kurzer Führleine. Erst am Start werden das Zuggeschirr und das entsprechende Laufequipment angezogen (Signalwirkung). Dann lassen Sie den Hund bis zum Ziel ziehen.
- Wenn der Hund nun verstanden hat, für Loslegen und schnelles Ziehen gibt es auch schnell Futter, können Sie dann die Zielgerade schrittweise verlängern, bis Sie an der Hälfte der Strecke angelangt sind.
- Im nächsten Schritt macht es Spaß, variabel zu trainieren. Damit ist gemeint: einen Tag 200 m vom Ziel entfernt, den nächsten 800 m, dann wieder nur 100 m – bleiben Sie überraschend für Ihren Hund.
- Dann beginnen Sie schon im ersten Drittel der Strecke mit dem Zugtraining und schließlich sind Sie „rückwärts“ am Start angelangt.

WEITERE VORTEILE DER TRAININGSSTRECKE

Für den Menschen möchte ich einen erfahrungsgemäß nicht unwichtigen Aspekt der Trainingsstrecke hier erwähnen: Ehrlicherweise müssen wir uns so manches Mal überwinden, um überhaupt raus zu gehen. Hier dient die Trainingsstrecke mental als „Notrunde" – also wenigstens die wird heute noch gelaufen. Das Zufriedenheitsgefühl des Menschen, doch noch den inneren Schweinehund überwunden und „wenigstens" die Trainingsstrecke bewältigt zu haben, belohnt letztlich wieder einmal beide – Mensch und Hund!

Gute Beobachtungsgabe und Dokumentation geben auf der Trainingsstrecke auch beim routinierten Hund am meisten Aufschluss über den Trainings- und Gesundheitszustand des Hundes, über Stimmung und Kondition.

Bei fortgeschrittenen Hunden darf die Streckenlänge und -beschaffenheit dem Trainingsstand bzw. -ziel angepasst werden. Mittels GPS ist heutzutage jede Strecke schnellstens und genau erfasst und auch sämtliche Fortschritte lassen sich so ganz genau festhalten. Routinierte Läufer wissen, wie wichtig eine Routinerunde als Maß für den eigenen Fitnesszustand ist, dies gilt auch für den des Hundes. Daher ist die Trainingsstrecke auch ein sehr wertvoller Bestandteil, wenn Sie leistungsorientiert arbeiten möchten.

Der Hund weiß bald, wo die Trainingsstrecke verläuft, und wird selbstständig arbeiten.

- Grundsätzlich sollte der Hund die Trainingsstrecke zügig und in Erwartung des Futters nahezu selbstständig bis zum Zielpunkt durchlaufen. Auch Abbiegungen sollte er allmählich von selbst meistern und den richtigen Weg zum Ziel einschlagen.

Wer mag, macht zu diesem Zeitpunkt den Test einer „stillen Runde“. Vertrauen Sie Ihrem Hund und lassen Sie ihn einfach laufen – lediglich das Startsignal und Motivationssignale sind erlaubt. Ich bin überzeugt, Ihr Hund weiß, wie es geht und wohin er läuft – genießen Sie diese neue Er-Fahrung des Teamworks; Ihr Hund tut es auch!
Herzlichen Glückwunsch!

Nun haben Sie schon einen richtig gut motivierten und selbstständig arbeitenden Partner auf vier Pfoten. Es ist der Moment gekommen, mit dem Einführen der Signale zu beginnen. Dabei ist vor allem eine gute Beobachtungsgabe und Reaktionsfähigkeit Ihrerseits gefragt.

Feiern Sie diese „Er-fahrung“ mit Ihren Hunden!

Übungen mit Fahrzeug und Signaltraining

Das ist ihr Pflichtprogramm: **Loslaufen, langsamer werden und anhalten** sind Grundvoraussetzungen für einen guten und sicheren Lauf. Sie müssen besonders sorgfältig trainiert werden!

Bitte achten Sie hier auch ganz konsequent auf Impulskontrolle – es geht letzten Endes um Ihre Sicherheit! Wenn Ihr Hund zu aufgeregt ist, etwa bereits vor dem Start unruhig jault und kaum zu halten ist, brechen Sie anfangs besser ohne viel Aufhebens wieder ab. Bedauerlicherweise kein Zugvergnügen heute! Das ist Frust und Strafe genug! Die meisten Hunde lernen schnell, sich für ein paar Minuten zu kontrollieren, um gleich danach rennen zu dürfen.

Loslaufen

Ein kontrollierter Start ist die wichtigste und gleichzeitig anspruchsvollste Übung! Versuchen Sie, Fehlstarts und allzu ruckartiges Anziehen zu vermeiden; Letzteres schadet auch dem Hund sehr.

Nach dem Anlegen des Geschirrs und Einhängen des Karabiners in der Zugleine gehen Sie zum Fahrzeug. Zur Sicherheit halten Sie die Leine locker in der Hand. Der Hund muss warten – am besten im Stehen oder Sitzen.
Bei sehr unruhigen Teams oder Einzelhunden müssen Sie gegebenenfalls das Fahrzeug durch eine zusätzliche Leine mit Panicsnap sichern. Oder Sie haben einen Doghandler. Unser Ziel ist allerdings ein ruhiger Start, den Sie ohne Helfer bewältigen können.
Dann nehmen Sie das Fahrzeug vom Boden auf. Geben Sie nun das Signal „Line out". Achtung! Halten Sie die Bremsen des Fahrzeugs immer geschlossen, denn Sie müssen hier mit einem Ruck rechnen.
Und wenn die Leine schön gespannt ist, kommt das Signal „Go" und die Bremsen werden geöffnet.
Nun ist **M+B** wieder einmal eine Frage des Timings bzw. entscheiden Sie selbst, ob nicht die Freude am Hetzen/Rennen selbst belohnend genug ist. In diesem Fall freuen sie sich gemeinsam mit Ihrem Hund, motivieren mit leiser Stimme und lassen ihn einfach mal laufen.
Keep on Running ...

Langsamer werden und Stoppen

Als Vorübung lassen Sie den Hund, wenn möglich, im Freilauf nebenher laufen und verlangsamen Ihr Tempo. Geben Sie nun das Signal „Eeeeasy". **M+B** wenn er aufmerksam ist und das Tempo an Sie anpasst, also verlangsamt.

So wird das Loslaufen richtig geübt.

In Anspannung sieht die Übung wie folgt aus: Während der ruhigen Fahrt geben Sie in ganz gelassenem Ton dieses Signal (gern mehrfach) und ziehen dabei die Bremsen. Noch weiß der Hund nicht genau, was von ihm verlangt wird, wenn er allerdings aufmerksam ist und den Zug verringert, dann **M+B**.
Der Sinn der Übung ist die Impulskontrolle, nämlich langsamer werden. Dies soll auch mit etwas Ruhigem belohnt werden. Daher ist es bei dieser Sequenz besser, die Belohnung aus der Hand zu füttern.

Wenn Ihr Hund ganz zum Stehen kommt, geben Sie einmal deutlich das Signal „Stopp" für Anhalten, dann **M+B** mit Futter, am besten einem Snack, an dem Ihr Hund etwas länger kaut, denn das Kauen senkt das Erregungslevel.

Weitere Signale

Alle weiteren Signale des folgenden Vokabelheftes sind sozusagen die Kür. Ihre Vorgehensweise im Training folgt auch hier dem bereits eingeführten Trainingsschema. Es wird mit Markerwort geformt und mit Beutespielzeug oder situationsbedingt mit „weiter rennen dürfen" belohnt. Bei vielen Hunden ist mit zunehmender Trainingsroutine die Tatsache, ungehemmt weiter laufen zu können, die Belohnung Nummer 1. Sie ersetzt im fortgeschrittenen Stadium **B** in anderer Form, sodass Sie immer weniger Unterbrechungen des Laufs haben. Sie können Signale zunächst getrennt üben oder gleich z. B. in die Trainingsstrecke integrieren.
Im Folgenden sind einige Praxistipps für die wichtigsten Signale aufgeführt.

Abbiegen: Gee (rechts) oder Haw (links)

Hier sind alle Hunde im Vorteil, die möglicherweise bereits ein Arbeiten oder Einweisen auf Distanz kennen (vom Longieren, Agility, Dummytraining usw.).
Die Vorübung erfolgt am Bauchgurt oder an der Hand (ohne Fahrzeug und Anspannung).

- Suchen Sie sich eine Wegkreuzung/-gabelung aus, auf die Sie gemeinsam mit Ihrem Hund zulaufen.
- Geben Sie das Signalwort für Abbiegen (nach links „Haw", nach rechts „Gee") und gleichzeitig werfen Sie mit der linken bzw. rechten Hand das Beutespielzeug.
- Nach einigen Erfolgen verändern Sie bitte das Timing. Es erfolgt das Signalwort und erst wenn der Hund den Ansatz zum Abbiegen wie Gewichtsverlagerung und Drehen des Kopfes in die richtige Richtung zeigt, erfolgt **M+B**. Es wird dann immer länger hinausgezögert.

Variieren Sie die Übung. Wenn Sie an derselben Kreuzung abwechselnd aus allen vier Richtungen ankommen, biegen Sie auch abwechselnd in jede der vier Richtungen ab – immer wieder mal anders und überraschend. Ziel ist, den Hund tatsächlich in die Aufmerksamkeit für das Richtungssignal zu bringen und zu halten!

Ein Beispiel für die Übung zum Abbiegen, wobei die Pylonen als Hilfsmittel dienen.

In gleicher Weise und an der gleichen Kreuzung gehen wir auch mal geradeaus. Wiederholen Sie den gesamten Übungsaufbau auch in Anspannung am Fahrzeug.

Ausweichen: Außen

Tiefe Schlaglöcher, herabgefallene Äste oder umgestürzte Bäume, geschlossene Schranken, die nur an der Seite umgangen werden können, oder Ähnliches können vor allem für den Fahrer gefährlich werden. Hunde überspringen Schlaglöcher oder ducken sich unter der Schranke durch ...

Selbstverständlich gibt es immer die Möglichkeit anzuhalten und den Hund um die Stelle herumzuführen. Das ist die sicherste Variante und diese sollten Sie immer wählen, wenn Sie noch nicht geübt sind oder ein komisches Gefühl haben. Sinn macht es hier, auch ein „Eeeeasy" vorweg zu stellen und so das Tempo zu drosseln, dann erfolgt das Signal „Außen" und **M+B**.

Dieses Signal lässt sich sehr schön auch mit selbst gebastelten ungefährlichen Hindernissen üben (z.B. eine Decke auf den Weg legen).

Test für Fortgeschrittene: Versuchen Sie es mit einem Agility-Hindernis, das normalerweise immer übersprungen wird. Hier kommt es darauf an, Signale wirklich zu befolgen und nicht zu tun, was man gewohnt ist.

Das Vorbeifahren unter Ablenkung klappt schon sehr gut.

Vorbeigehen/Weitergehen bei jeglicher Ablenkung

Im Rennfieber sieht man erstaunlich selten Hunde, die sich für das Geschehen abseits des Trails interessieren und dadurch abgelenkt sind. Das ist im Trainingsalltag oft nicht der Fall. Auch hier gilt: Im Zweifelsfall anhalten, absteigen und den Hund vorbeiführen. Immer!
Im hohen Erregungslevel des Rennens reagieren Hunde manchmal impulsiv auf Dinge oder Personen, auf die sie sonst überhaupt nicht ansprechen (z.B. Nordic Walker – Mensch mit Stöcken). Das ist ein Indiz für den hohen Adrenalinspiegel. Außerdem beurteilen viele Hunde jegliche Ablenkung als „lästige Störung" der Jagd und wollen diese unter Umständen vertreiben, auch wenn es der normalerweise gute Hundekumpel von nebenan ist! Mit dem Essen spielt man nicht – beim Jagen auch nicht! Vorbeigehen an Personen, Dingen oder gar Hunden, die unseren Weg kreuzen, ist demnach nicht einfach. Es ist eine Verhaltenskette und kein einzelnes Signal mehr, was hier gefordert wird.

Wenn möglich, helfen Sie Ihrem Hund und agieren Sie hier besonders vorausschauend:

- Aufmerksamkeit des Hundes wecken – Name rufen.
- Wenn es bekannt ist, benennen, was kommt (z. B. „ein Mensch").
- Signal „Eeeeasy".
- Hund verringert das Tempo.
- Ablenkung langsam und mit möglichst großem Abstand passieren.
- Ruhig bleiben.
- Mit dem Signal weiter die Ablenkung passieren.

Wichtig: Erst wenn Sie genügend Abstand haben, setzen Sie den Lauf mit Tempo fort. Sonst haben Sie versehentlich die neue Energie auf die Ablenkung übertragen und es wird vielleicht doch noch umgekehrt und hingelaufen, angegriffen oder was auch immer. Dann folgt mit noch mehr Abstand **M+B**, wenn nötig.

Wenn man einmal anhalten muss, soll der Hund ruhig stehen bleiben, aber die Leinenspannung halten.

Stehen bleiben ohne Zug

Möglicherweise hat sich eine Leine verheddert oder Sie möchten anhalten, um eine Pfote zu kontrollieren, dann brauchen Sie diese Signalabfolge:
Eeeeasy, Stopp – und Steh!
Ihr Hund soll ruhig im Geschirr stehen bleiben, es soll kein oder nur ein geringer Zug auf der Leine sein.

Es liegt an Ihrem Trainingsfleiß und Anspruch, wie viele Signale zuverlässig eingeübt werden. Das Lernschema bleibt stets dasselbe.

Vokabelheft der Signale

Grundsätzlich ist es nicht maßgebend, ob Sie die hier vorgeschlagenen Signalworte oder andere Worte verwenden. Wichtig ist, wie immer in der Arbeit mit Hunden, eine klare Definition ihrer Bedeutung zu haben und die entsprechende Energie, die hier mit einfließt.
Meine Vorschläge orientieren sich an der traditionellen internationalen Sprache der Musher, daher sind viele in englischer Sprache.

- **Line out:** Nach vorne gehen, etwas Zug aufbauen, dann ruhig stehen und abwarten. Vergleichbar mit „Auf die Plätze ...“ .
  Dieses Kommando entstand bei großen Gespannen mit mehreren Hunden. Der Leithund wird zuerst eingespannt und hält dann auf Kommando die Zugleine straff. Diese wird somit aus Schnee oder Schmutz herausgehoben. So kann der Musher bequemer alle weiteren Hunde einspannen; auch ein Verheddern wird dadurch verhindert. Aber auch bei einem Hund macht es Sinn, erst moderaten Zug aufzubauen, bevor er beim Start loslegt: Der Druck auf Brust und Wirbelsäule kann von der Muskulatur besser abgefangen werden.
- **Okay, Go** oder **Los:** Starten.
- **Hop-hop** oder auch ein Pfiff: Motivation jeglicher Art, z.B. an Steigungen oder schwierigen Stellen.
- **Fleißig** oder **Tüchtig** ist ein Brückensignal: „Durchhalten Doggies“ oder auch Lob für konstante solide Zugarbeit.
- **Eeeeasy:** Langsamer werden, Tempo verringern.

- **Homerun** oder **Endspurt:** Um noch ein paar Sekunden rauszufahren oder einfach weil es Spaß macht, nochmals Gas zu geben. Für viele Hunde auch die Ankündigung, gleich gibt's die Super-Belohnung!
- **Gee:** Rechts abbiegen.
- **Haw:** Links abbiegen.
- **Steh** oder **Stand:** Stehen bleiben ohne Zug und warten, bis z. B. eine Pfote aus der Leine entwirrt ist. Die Orientierung des Hundes dabei bleibt nach vorne gerichtet.
- **Go ahead** oder **Weiter:** Geradeaus an Kreuzungen und auch weitergehen.
- **Vorbei** oder **Vorbeigehen:** Hindernissen oder Personen ausweichen und auch „Lass Dich nicht ablenken"; ebenso Überholsignal bei Wettkämpfen (das schnellere Gespann, das überholen will, muss durchgelassen werden).
- **Außen:** Meint außen herumgehen um Schlagloch, Pfütze, herabgefallenen Ast, Schranke oder Tor; ein Ausweichen zur Sicherheit des Fahrers.
- **Da lang** oder **This way:** Manchmal weisen wir mit dem Arm/Kopf in eine entsprechende Richtung oder wir richten unser Fahrzeug/unseren Körper dementsprechend aus; der Hund soll sich daran orientieren und entsprechend abbiegen.
- **Stopp** oder **Halt:** Stehen bleiben, eventuell umorientieren zum Musher.
- **On Trail:** Auf den Weg (zurück)gehen oder bleiben, auch den Trail zu suchen bei Dunkelheit oder Schnee, manchmal auch Spurwechsel.
- **Zurück:** Rückwärts gehen, vor allem bei Hunden, die mit Zugbügel gefahren werden; manchmal beim Wenden oder Entwirren der Zugleine sinnvoll.
- **Geh ans Auto** oder **Nach Hause:** Manche Musher arbeiten mit diesem Signal, daher erwähne ich es hier. Es soll entweder den Hund zum schnelleren Bewältigen des letzten Streckenabschnitts motivieren (wie Homerun) oder als Notfallsignal dienen, falls man sich in unbekanntem Terrain verfahren hat. Dann auch „Take me home" wie einst der Filmhund Lassie.

Spätestens hier, an dieser langen Liste der Signalworte, merken Sie, dass Laufhundearbeit sehr umfassend und komplex ist. Es ist viel mehr, als nur hinter dem eingespannten Hund herzurennen.

Einüben der Signale auf der Trainingsstrecke

Technik und Signaltraining ist auch eine Aufgabe für wärmere Jahreszeiten – damit in der nächsten Saison umso flotter und sicherer gefahren werden kann! Auf jeden Fall arbeiten wir zunächst wieder in reizarmer Umgebung, wobei die Trainingsstrecke hier auch gute Dienste leistet.

Schritt 1:
Fahren Sie die Trainingsstrecke einmal ohne Hund ab, am besten mit dem Rad. Sie sehen ihn nun lediglich vor dem geistigen Auge. Sagen Sie die Signalworte

Nur ein Hund reagiert auf das gegebene Signal.

zur Übung für sich. Welche Reaktionszeit brauchen Sie? Achten Sie auf vorausschauendes Agieren.

Schritt 2:

Dann erfolgt das Ganze erstmalig mit Hund. Eventuell können Sie auch zunächst wieder den Hund am Bauchgurt führen.

Da der Hund die Trainingsstrecke ja schon nahezu selbstständig bewältigt, können Sie nun die Signale in die entsprechende Handlung hineinsprechen bzw. kurz zuvor (ideales Timing!).

Achtung: Loben Sie während der Strecke für richtiges Verhalten nicht zu überschwänglich oder zu laut, sonst könnte Ihr Hund in Erwartung einer Belohnung den zügigen Lauf unterbrechen. Bitte hier auch nicht mehr mit Markerwort arbeiten bzw. nur dann, wenn der Hund unterbrechen darf.

Bitte beachten Sie immer, dass auch gut trainierte Hunde eine gewisse Reaktionszeit brauchen. Diese kann im Rennfieber möglicherweise sogar länger sein als im Alltag. Signale müssen also immer vorausschauend gegeben werden. Dies erfordert Übung und eine gute Beobachtungsgabe. Die Reaktionszeit des Hundes kann auch im Training je nach Tagesform variieren.

Jetzt gilt das Ampeltiming:

- Grün: Geradeaus rennen und ziehen, einfach laufen.
- Gelb: Signalwort für Aufmerksamkeitswechsel geben, z. B. den Namen des Hundes rufen oder „Aufpassen".
- Rot: Neues Signal geben, z. B. „Gee" für rechts abbiegen.

Sicherheit und Fahrtraining

Bitte fahren Sie – auch im Sommer, wenn es wärmer wird und Sie schwitzen sollten – nie ohne:

- Helm mit Visier oder Brille
- Handschuhe
- Handy

Denken Sie an robuste Kleidung in Signalfarbe und mit Reflektoren sowie an feste Schuhe mit gutem Profil! Wer mag, trägt Schutzkleidung mit integrierten Protektoren aus dem Motorradbereich.
Außerdem sollten sämtliche Handgriffe an Fahrzeug und Hund von Ihnen möglichst auch mit dünnen Handschuhen durchgeführt werden können.
In den frühen Morgenstunden oder in der Abenddämmerung empfehle, ich um Wildbegegnungen zu vermeiden, die Glocke!
Eine regelmäßige Inspektion von Bike/Scooter vom Fachmann ist zu empfehlen.

Fahrtraining ohne Hund

Ähnlich wie beim Inlinekurs oder zu Beginn der Motorradsaison empfehle ich es, Slalom zu fahren und Bremsübungen zu machen. Und zwar immer dort, wo Sie später auch mit Hund trainieren möchten, also in der Regel eher auf geschotterten Wald- oder schlammigen Wiesenwegen. Ganz Mutige lassen sich auch mal aus dem Stand oder bei geringer Geschwindigkeit auf die Wiese fallen.

Gezieltes Bremsen

Setzen Sie sich ein Ziel für Ihr Vorderrad und lernen Sie das Bremsverhalten des Fahrzeugs zunächst ohne Hund auf verschiedenen Untergründen gut kennen!
Versuchen Sie auch mal querfeldein (Buckelpiste) recht steil bergab zu fahren und dabei zu bremsen; so ungefähr verhält sich Ihr Rad auf der Ebene, wenn die Kraft des Hundes mit einwirkt.

So sieht professionelle Sicherheitskleidung aus.

Für die Sicherheit ist die erste Regel: Pistolenfinger – die Hand soll immer an den Bremsen sein.

Wer mit Klicksystem an den Pedalen fahren möchte, übt schnelles Auf- und Absteigen – und zwar nach beiden Seiten.
Bitte bedenken Sie: Das Lenk- und Kurvenverhalten von Bike, Trike und Scooter verändert sich wesentlich, wenn Hunde vorgespannt sind.

Speziell für die Motivation des Hundes, wenn Sie nämlich ihr Beuteersatzspielzeug werfen müssen, empfehle ich folgende Vorübung (aber bitte auch ohne Hund, er sollte auch nicht zuschauen, denn er bekommt sein Spielzeug hier nicht zu fassen):

- Variante 1: Nehmen Sie etwas Anlauf mit dem Fahrzeug oder zu Fuß, holen nun das Spielzeug aus der Bauchtasche und werfen es, ohne die Geschwindigkeit zu verringern, auf den Weg. Üben Sie dabei, in einen großen Eimer zu zielen.
- Variante 2: Achten Sie darauf, dass sofort nach dem Werfen beidhändig gebremst werden muss! – Ja, auch das noch!
- Variante 3: Sie fahren bergab auf der Buckelpiste/Wiese von vorhin und üben ebenso zielgenaues Werfen und Bremsen.

Bleiben Sie bitte stets unter Ihren Möglichkeiten. Lernen findet auch beim Menschen nicht über Extrembelastung, sondern über zahlreiche Wiederholungen statt!
Wenn Sie sich mit Ihrem Hund auf einem unebenen Waldweg und leicht bergab bewegen, werden Sie den Sinn dieser Koordinationsübungen verstehen.

Fahrtraining mit Hund im Freilauf

Wenn Sie einen Tachometer am Rad haben, lassen Sie Ihren Hund einmal frei nebenher laufen und motivieren Sie ihn dazu, das Tempo zu steigern. Dann blicken Sie in dem Moment auf den Tacho, wenn er vom Trab in den Galopp wechselt. Dieses Tempo ist ihr Ausgangswert für ein möglicherweise sportlich orientiertes Aufbautraining zu einem späteren Zeitpunkt.

Das Training erfolgt so:

- Den frei laufenden Hund dazu motivieren, das Tempo zu steigern. **M+B**; wenn möglich, die Beute weit nach vorne werfen – Sprint!
- Ihr frei laufender Hund erhält das Signalwort zum Abbiegen, dann biegen Sie mit dem Rad ab, wenn er mitgeht. **M+B**; Beutespielzeug in die neue Richtung werfen.
- Ihr frei laufender Hund erhält das Signalwort zum Anhalten, dann stoppen Sie. **M+B**; den Ball nur fallen lassen. Das bestätigt und erhöht, trotz Vorwärtsdrang, die Konzentration und Orientierung an Ihnen.

Diese Übungen dienen auch der Aufmerksamkeit. Bleiben Sie immer überraschend und variabel im Training. So wird der Jagdausflug unter Ihrer Führung nie langweilig!

Die Hunde bleiben auch ohne Leine aufmerksam und eng beim Menschen.

Erste Hilfe

Zum Gepäck gehört auch das Erste-Hilfe-Set aus der Apotheke, das für Hund und Mensch gleichermaßen verwendet werden kann. Sie sollten sich mit dem Inhalt des Päckchens in Ruhe zu Hause einmal vertraut machen. Zur Erstversorgung der meisten größeren Wunden reicht dies aus, bis Sie den Hund einem Tierarzt vorstellen können. Bitte speichern Sie unbedingt die Nummer Ihres Tierarztes oder einer nahe gelegenen Tierklinik im Handy. Falls Sie im Urlaub oder Ausland sind, fragen Sie vorsorglich nach der nächsten Möglichkeit, wo Sie im Ernstfall Hilfe für Ihren Hund bekommen.
Wenn Sie vorhaben, längere Touren in abgeschiedenen Gegenden zu unternehmen, muss der „Doktorkoffer" unter Umständen ausführlicher gepackt sein. Falls Sie Gelegenheit haben, bei Ihrem Tierarzt oder woanders einen Erste-Hilfe-Kurs für Hunde zu besuchen, nehmen Sie dieses Angebot an.

Der Sturz

Die Wahrheit ist: Früher oder später werden Sie einmal stürzen. Dies liegt in der Natur dieser Fortbewegungsart – vergleichbar mit der Tatsache, dass jeder Autofahrer mindestens einmal im Leben einen Blechschaden zu verzeichnen hat. Sie können sich lediglich sorgfältig darauf vorbereiten und ich rate dringend, dies auch zu tun. Menschen, die z. B. im Kampfsport gelernt haben zu fallen, tun sich leichter, weil sie weniger Angst vor Bodennähe haben.
Ich wünsche Ihnen, dass Sie dank guter Vorbereitung und Sicherheitskleidung mit einem Schrecken davonkommen. In diesem Fall gilt der Rat:

Hinfallen – Aufstehen – Hund(e) loben – Weiterfahren!

Der erste fremde Trail

Trotz des Wochenendes sind Sie früh aufgestanden und nun mit Ihrem Hund das erste Mal bereit, eine unbekannte Strecke zu fahren. Jetzt wird sich erstmals zeigen, was Sie gemeinsam gelernt haben und was Sie leisten können.
Wie beim bisherigen Üben bzw. Fahren auf der Trainingsstrecke gilt: Je klarer und anfangs stereotyper Sie sämtliche Abläufe durchführen, desto besser sind Sie für den Hund erkenn- und deutbar. Sie dienen dazu, das Erregungslevel des Hundes möglichst niedrig zu halten. Auf diese Weise bleiben die Lernbereitschaft und das Zusammenspiel zwischen Hund und Mensch erhalten und werden nicht von der Aufregung, gleich loshetzen zu dürfen, überlagert. Nicht zuletzt helfen Ruhe und Routine Ihnen dabei, nichts Wichtiges zu vergessen.
Hilfreich ist der geordnete Start, weil ja auch der Mensch sich erst einmal aufwärmen sollte.

Rituale vor und beim Start am Beispiel Bikejöring

Zu Hause haben Sie bereits alles zusammengepackt und spätestens beim Zubereiten des Belohnungsfutters hat der Hund bemerkt, dass es gleich losgeht, und er ist entsprechend aufgeregt. Und so läuft das Ganze dann ab:

- Ankommen auf dem Parkplatz der neuen Strecke.
- Fahrzeug abladen und checken.
- Hund aussteigen lassen, ggf. anleinen.
- Rucksack schultern.
- Los geht's. Den Hund etwa 100 m Hund neben dem Fahrzeug (noch schieben) gehen oder laufen lassen, wenn möglich ableinen.
- Freilauf, lösen, spielen, 5 Minuten ein kleines Warm-up. Währenddessen fahren Sie langsam weiter oder schieben das Fahrzeug.
- Hund zur Ruhe rufen, Aufmerksamkeitsübung, „Platz". Der Hund muss nun warten, während Sie das Fahrzeug präparieren (z.B. Bike-Antenne anbringen, Zugleine befestigen), Handschuhe anziehen, Helm und Brille aufsetzen.
- Bike nun auf die Seite legen.
- Dem Hund das Zuggeschirr anziehen.
- Rucksack zurücklassen oder je nach Streckenverlauf schultern.
- Hund am Halsband in Fahrtrichtung vor das Fahrzeug führen.
- Verbindungskarabiner einhängen.
- Zuletzt starten Sie, wie Sie es geübt haben.

Wenn Sie möchten, folgt nun Ihr ganz persönliches Startritual. Es könnte so aussehen: Sie gehen zum Hund und neben ihm in die Knie, legen eine flache Hand auf seine Brust, zwei ruhige tiefe Atemzüge lang – wir sind ein Team. Dann stehen Sie zügig auf, nehmen das Bike vom Boden, Finger an die Bremsen und es folgt Ihr Signal für Loslaufen: Line Out und Go.

Die Begegnung mit anderen Hunden muss auch geübt werden.

Auf der Strecke

Während des Trails erwarten Sie nun alle möglichen Herausforderungen, z. B. das Anhalten, Abbiegen oder gar Vorbeifahren an Hindernissen oder anderen Menschen/Hunden. Hier zeigt sich, was Sie bis jetzt mit Ihrem Hund gelernt und geübt haben. Bitte wählen Sie den Trail immer entsprechend dem Leistungsniveau Ihres Hundes aus.

Vorausschauendes Fahren und Ihre Sicherheit bzw. die der anderen müssen immer Priorität haben!

Die ersten Meter sollten Sie den Hund/die Hunde jetzt einfach mal laufen lassen. Keine Signale, keine Anfeuerungsrufe – teilen Sie einfach die pure Lauffreude der Hunde!
Bei Teams oder einzelnen Hunden, die sehr impulsiv starten, ist ein Streckenverlauf praktisch, der anfangs etwas bergauf führt, so sind auch Powerpakete von Anfang an „bremsbar" unterwegs.

Wenn sich Ihnen jetzt nichts in den Weg stellt, dürfen Sie die Strecke erst mal genießen, ohne dabei allerdings in Ihrer Konzentration nachzulassen. Je nach Leistungsniveau lassen Sie die Hunde arbeiten und unterstützen lediglich durch feines, leises Motivieren mit der Stimme. Ein zu starkes Loben würde den Lauf unterbrechen (Kein Marker!).

Richtig spannend für alle Beteiligten ist selbstverständlich die Abwechslung. Sowohl mentale als auch körperliche Anforderungen können nun gesteigert werden.

Dazu wählen Sie einen Trail, auf dem Sie gezielt an bestimmten Aufgaben arbeiten können (z. B. das Vorbeigehen an einer Pferdekoppel, das Überqueren einer Brücke usw.). In diesem Fall wird der Trail wieder zu Lernzwecken und zum Üben unterbrochen. Hier kommt erneut das Belohnungsprinzip des bereits etablierten Jagdrituals zum Einsatz.

Der Streckenverlauf ist nun variabel und bleibt so immer überraschend für den Hund. Ihrer Kreativität sind bei der Auswahl des Trails keine Grenzen gesetzt. Das macht den Zughundesport, selbst für Profis und alte Hasen, immer wieder zur Herausforderung.

Bei Geländeläufen mit Hund muss man manchmal schon sehr athletisch sein.

Beispiele für verschiedenen Situationen, die zu meistern sind:

- Begegnungen mit Menschen, Hunden, Autos, Fahrradfahrern, Kindern mit Essbarem in der Hand usw.
- Verschiedene Untergründe wie Schlamm, Wiese, Waldweg, Teer (möglichst meiden), Holz- oder Gitterbrücke
- Vorbeigehen an Waldarbeitern, Baustellen oder anderen lärmenden Geräten
- Begegnung mit Wild (großes Risiko; am Wildgehege üben)
- Sämtliche Hindernisse umgehen (Schlagloch, großer Ast, Schranke, tiefe Furchen im Weg, Treppenstufen)
- Kleinere, flache Bäche oder teilweise überschwemmte Trail-Abschnitte durchqueren.
- Steile Abschnitte, bei denen Sie und der Hund etwas klettern müssen (Fahrzeug muss getragen werden)
- Es gibt auch Trails, da müssen Sie gemeinsam mit Ihrem Hund ein Stückchen schwimmen.

Erfahrene Hunde bieten oft von sich aus Möglichkeiten zur Umgehung eines Hindernisses an. Auch entwickeln sie ein Gespür für den richtigen Trail besonders im Dunkeln. Beides ist häufig energiesparender und effektiver als die Lösungen, die Sie bevorzugen würden, also sparen Sie sich in diesem Fall die Diskussion und vertrauen Sie Ihrem Hund.

Gemeinsam an einem Strang zu ziehen und alle diese Aufgaben zu meistern, schweißt zusammen. Sie werden nachhaltig zu einem Team und dürfen Ihr soeben gewonnenes neues Vertrauen gebührend feiern.

Rituale am Ziel

Ebenso verlässlich für den Hund müssen die Rituale am Ende des Laufs sein (siehe auch Cool-down Seite 57f.).

- Die letzten etwa 200 m der Strecke fordern Sie nochmals zum Endspurt auf: Signalwort „Homerun".
- Im Zieleinlauf bieten Sie auf jeden Fall das Beutespielzeug an.
- Ihr Hund darf es packen, tot schütteln usw. Bitte nicht wieder wegnehmen, denn er darf seinen Jagderfolg genießen und muss am Spielzeug Erregung abbauen.
- Schnell den Verbindungskarabiner (Panicsnap) zum Fahrzeug lösen und dieses auf die Seite legen.
- Gemeinsames Zerrspiel mit der Beute, das jetzt aber immer ruhiger werden sollte. Dies dient auch als Auslaufen.
- Signalwort für Beruhigung, wenn Sie eins haben. Wichtig: Beutespielzeug immer noch nicht wegnehmen, Ihr Hund darf seine Beute behalten und ans Auto tragen.
- Ihr Fahrzeug zum Auto schieben; nicht wieder aufsteigen!
- Je nach Temperatur dem Hund einen Mantel überziehen, um ein zu schnelles Auskühlen der Muskulatur zu verhindern.
- Beutespielzeug gegen Belohnungsfutter eintauschen und dieses in Ruhe auffressen lassen. (Achtung: Bei zwei Hunden auf genügend Abstand achten, auch wenn die Hunde sich gut kennen; das Erregungs- bzw. Stresslevel ist noch hoch.)
- Währenddessen das Equipment schon mal verstauen.
- Nach dem Fressen Zuggeschirr ausziehen und am normalen breiten Halsband noch mindestens 5 Minuten auslaufen; Cool-down-Übungen.
- Pfotenkontrolle und sorgfältiges Abstreichen/-tasten des Hundes zur Entspannung und um eventuelle Muskelverspannungen auszustreichen oder Verletzungen zu erkennen.
- Dann erst geht's ins Auto und nach Hause.

Weitere Möglichkeiten für Fortgeschrittene

Der Nachttrail

Nachts mit Stirnlampe und/oder zumindest in der Morgen- oder Abenddämmerung zu fahren, also bei schlechten Lichtverhältnissen, empfehle ich ausschließlich für geübte Teams! Die Hunde sind dann zwar meistens hoch motiviert (klar, wir jagen in der Dämmerung – was gibt es Spannenderes?), aber je nach Beschaffenheit des Untergrunds und des Streckenverlaufs birgt dies ein größeres Risiko. Herabhängende Äste auf Waldwegen z. B. beeinträchtigen den Hund logischerweise nicht, Sie dagegen schon. Auch Hindernisse auf dem Weg wie Schmutz, Äste, Schlaglöcher, die der Hund in letzter Sekunde umläuft oder überspringt, sind nicht zu unterschätzen.

Hunde sehen in der Dämmerung, bei schlechtem Wetter oder auch noch bei vermeintlicher Dunkelheit besser als wir; Sie müssen also Ihrem Hund „blind" vertrauen.

Und Achtung: Natürlich ist in der Dämmerung und bei Dunkelheit viel mehr Wild unterwegs als tagsüber. Bitte nehmen Sie grundsätzlich, aber vor allem während der Schon- und Setzzeit, besonders Rücksicht, ebenso wenn z. B. an einem parkenden Auto ersichtlich ist, dass in diesem Waldgebiet ein Jäger ansitzt. Am besten Sie wählen in diesem Fall gleich eine andere Route.

Aus diesem Grund rate ich auch im Winter von der romantischen Mondscheinfahrt ab; dann nämlich sind viele Hochsitze ebenfalls besetzt. Der Vollmond wird nicht umsonst waidmännisch als „Schweinesonne" bezeichnet.

Gemeinsame Unternehmungen wie hier ein Berglauf spornt alle Beteiligten an und macht Spaß.

Lauf- oder Fahrertreffs

Gleichgesinnte zu finden und gemeinsame Ausfahrten zu genießen, ist heutzutage, dank Facebook und anderen medialen Möglichkeiten, kein Problem mehr. Auch Ihre Hunde freuen sich über gemeinsame Ausfahrten in fremder Umgebung. Sich gegenseitig anspornend, laufen selbst „Schlafmützen" plötzlich motiviert und aufmerksam. Nach der Fahrt bleibt immer noch Zeit zum gemütlichen Erfahrungsaustausch unter Gleichgesinnten.
Bitte achten Sie immer beim Organisieren von Fahrertreffs oder auch neuen Trails für den Eigenbedarf darauf, welche Vorgaben in der Region für den Aufenthalt in der Natur mit Hund gelten. Dies ist im Landeswaldgesetz der Bundesländer verschieden geregelt. Wir wollen mit gutem Beispiel vorangehen!

Regionale, nationale und internationale Rennen

Manche Menschen messen sich und Ihre Leistungen gern mit anderen. Sie setzen sich Wettkämpfe als Trainingsziel und Motivation.
Andere besuchen diese lediglich zum Spaß. Inzwischen ist das Angebot so vielseitig, dass hier für jedes Team beim Stöbern im Internet etwas Passendes gefunden werden kann (vom Spaßrennen über Dog Biathlon bis zum Iron Dog). Regionale Läufe werden inzwischen teilweise privat organisiert und sind meist offen für alle. Daher sind diese ideal, wenn Sie mal Wettkampfatmosphäre schnuppern möchten.

Viele messen ihre Leistungen gern in Wettkämpfen wie hier beim Canicross.

Better Mushing Seminare

Für Fortgeschrittene sind diese von den Verbänden angebotenen Seminare eine gute Möglichkeit, um sich weiter zu entwickeln.
Entstanden sind die Better Mushing Seminare aus der Initiative „Mush with P.R.I.D.E“ (siehe Begriffslexikon im Anhang). Es war ursprünglich ein Zusammenschluss von Mushern aus Alaska, die sich einen verantwortungsbewussten Umgang mit ihren Hunden zum Ziel gesetzt haben. Heute werden von vielen Schlittenhundeverbänden und -vereinen solche Seminare angeboten.
Inhalt und Ziel dieser meist zweitägigen Workshops ist es, sich ständig weiter zu bilden. Im theoretischen Teil erfahren die Teilnehmer Wissenswertes über den Sport und auch alte Hasen frischen hier immer wieder gern ihre Kenntnisse auf. Im praktischen Teil werden mit den Hunden verschiedene Alltags- und Wettkampfsituationen geübt, ähnlich dem bereits beschriebenen Techniktraining (siehe Seite 73ff.). Es macht immer Sinn, die Seminaratmosphäre als Übungsfeld zu nutzen, vor allem bei jungen Hunden oder neuen Teams.

Auch so ein Begegnungstraining mit anderen Hunden kann zur Fortbildung gehören.

Da die Seminare meist von erfahrenen Mushern geleitet werden, besteht immer auch die Möglichkeit zum persönlichen Erfahrungsaustausch.
Empfehlenswert ist diese Zusammenarbeit mit den Vereinen und Verbänden nicht nur für Gespanne mit mehreren Hunden, sondern zunehmend ebenso für Canicross-, Bikejöring- und Scooter-Teams, auch dann, wenn Sie keine Rennen bestreiten möchten. Man lernt immer dazu!

Bei offiziellen Wettkämpfen ist es manchmal Pflicht, Mitglied in einem Verein oder im VDSV zu sein und ein Better Mushing Seminar absolviert zu haben. Dies sollten Sie im Einzelfall erfragen. Oft ist zum Reinschnuppern der Start in einer sogenannten Gästeklasse (ohne Better Mushing Seminar) möglich.

Trainingsaufbau für Sportliche

Warum Laufen glücklich macht ....
... lesen Sie, wenn Sie möchten, am besten in den unzähligen Büchern von Sportmedizinern, Marathonläufern und Fitnesspäpsten nach. Und in jedem dieser Bücher werden Sie viele gute Gründe finden, um mit dem Laufen zu beginnen. Fest steht: Zu laufen liegt in der Natur des Menschen, ebenso wie in der des Hundes, der Mensch ist demnach ebenfalls ein Lauftier. Hundebesitzer sind in der Regel sehr naturverbunden und bei jedem Wetter draußen unterwegs. Der erste Schritt ist also bereits getan.

Laufen macht glücklich, wie man Heidi und Akon ansieht!

Nun dürfen Sie entscheiden, ob Sie und Ihr Hund sich weiterhin im Freizeitbereich „Gassigehen, Joggen oder Rollern" bewegen oder ob Sie etwas ambitionierter unterwegs sein möchten. Um Ihre Leistungen zu steigern, finden Sie hier einige Trainingsanregungen. Ich nenne diese bewusst Anregungen und nicht Trainingspläne, da für den konkreten Plan letzten Endes immer die individuelle Konstellation Hund – Mensch berücksichtigt werden muss.
Wie beim sportlichen Training ohne Hund auch arbeiten wir hauptsächlich in drei verschiedenen Bereichen: Kraft, Beweglichkeit und Ausdauer.
Am besten gestalten Sie Ihr Training so, dass Hund und Mensch gleichermaßen diese Bereiche trainieren und verbessern.

Ideen für das Krafttraining

Vor allem die Hinterhandmuskulatur schiebt den Hund vorwärts. Diese kann aufgebaut werden durch folgende Übungen:

- Lassen Sie Ihren Hund schwere Lasten ziehen (Autoreifen oder Ähnliches), im Winter gern auch den Rodelschlitten mit Kind.
- Lassen Sie sich selbst/Rad/Scooter eine längere flache Steigung hinauf ziehen (bergab geht's dann zur Belohnung frei laufend).
- „Jagen" Sie den Hund im Apportierspiel einen steilen Hang hinauf und hinunter (Apportel immer wieder hinunterwerfen).

Auch Schwimmen dient als Krafttraining.

- Haltungen wie „Männchen machen“ mögen albern erscheinen, sind aber für den Hund kraftraubend und damit ein gutes Training.
- Die Vorderpfoten an Bäumen anlehnen.
- Rückwarts gehen, wenn Ihr Hund dies kann.
- Balanceübungen über lange Baumstämme oder Mauern.
- Im Sommer lassen Sie Ihren Hund im flachen Wasser nach dem Ball hetzen oder schwimmen (unter Umständen sogar mit Schwimmweste).

BITTE BEACHTEN

Auch Hunde bekommen Muskelkater. Sanfte Massagen und Wärme (Kirschkernsäckchen) lindern diesen.

Ideen für die Beweglichkeit

Falls sie einen anderen Hundesport wie Obedience, Agility oder Dog Frisbee betreiben, behalten Sie diesen unbedingt als zusätzliches Training bei. Falls Sie keinen anderen Sport betreiben, lassen Sie Ihrer Kreativität freien Lauf. Und nutzen Sie jede Gelegenheit, die sich auf der täglichen Gassirunde bietet, um körperliche und geistige Flexibilität zu üben.
Andere Fachbücher bieten eine schier unerschöpfliche Ideenflut an Beschäftigungsmöglichkeiten. So wird auch der tägliche Spaziergang zum gemeinsamen Erlebnis.

Ideen zur Gripsgymnastik

Sämtlichen Gehorsamsübungen einen neuen Rahmen zu geben (kann Ihr Hund sitzen, auch wenn Sie ihm den Rücken zuwenden?), ist gut gegen Langeweile, ebenso wie neue Signale mit gewohnten Gegenständen oder Orten zu kombinieren.

Beispiel: Sie können auf einer Decke das gewohnte „Platz"-Signal abrufen oder Sie trainieren, dass Ihr Hund nur eine Pfote auf die Decke stellt und stehen bleibt.

TIPP FÜR UNTERWEGS

Falls Sie einen Waldsportpfad in der Nähe haben, machen Sie diesen einfach mal zur Hundestrecke. Sicher fällt Ihnen an jeder Station eine Übung mit den Geräten für Ihren Hund ein.

Ideen für das Ausdauertraining

Für die Teilnahme an einem offiziellen Wettkampf ist es ratsam, einen Trainingsplan zu haben, der vor allem die Ausdauer verbessert, und zwar von Ihnen und Ihrem Hund. Letzterer ist meistens sportlicher, daher sollten Sie sich nun bemühen, Schritt halten zu können.

Das Frisbeespielen sorgt auch für körperliche Fitness und Beweglichkeit.

Jeder sollte für sich einen persönlichen Trainingsplan festlegen.

Am einfachsten **für Anfänger** sind Trainingseinheiten, die sich aus Wechseln zwischen zügigem Gehen (Hund läuft wenn möglich frei) und Laufen unter Zuglast (abgekürzt **LUZL**) zusammensetzen. Und behalten Sie Ihr Ziel im Auge: Nicht schneller, sondern zunächst ausdauernder wollen Sie mit Ihrem Hund laufen.

Einstieg: In vier Wochen vom Gassi-Geher zum LUZL-Läufer

Sie trainieren dreimal pro Woche. An Pausetagen darf Ihr Hund frei am Fahrrad mitlaufen, einen anderen Hundesport ausüben, mit seinen Hundekumpels toben oder Sie nutzen die „freien" Tage für Technik- und Kommandotraining. Am Wochenende haben Sie und Ihr Hund zunächst noch frei.
Bitte wählen Sie für die Trainingstage eine Strecke, die zu Ihrem momentanen Fitnessniveau passt. Manchmal leistet die Trainingsstrecke (siehe Seite 69ff.) fürs Zughundetraining in mehrerer Hinsicht gute Dienste.

Erste Woche

Gesamttrainingszeit 30 Minuten pro Einheit, Strecke etwa 3 km.

- 5 Minuten Warmlaufen nicht vergessen.
- Dann laufen oder walken Sie los, Ihr Hund trabt frei nebenher.
- Nach 2 Minuten wechseln Sie zum LUZL: Geschirr anziehen, Line out und Go, 2 Minuten ziehen lassen.
- Dann bekommt Ihr Hund ein Spielzeug oder eine andere Belohnung.
- Geschirr wieder abnehmen und er darf frei laufen; Sie gehen und erholen sich 2 Minuten.
- Dann weitere Wechsel: LUZL, gehen, LUZL, gehen usw.

Falls Sie anfangs keine 30 Minuten durchhalten, ist dies nicht schlimm – Sie trainieren ja noch.

Zweite Woche

Genauso wie die erste Woche, allerdings dürfen Sie nun die Intervalle frei wählen. 3 Minuten LUZL, 3 Minuten (oder 4 bis 5 Minuten) gehen.

Dritte Woche

Gesamttrainingszeit 30 Minuten pro Einheit, Strecke bis 4 km verlängern.

- Längere, langsame LUZL-Phasen
- In den Pausen bleibt der Hund im Zuggeschirr und nur Sie wechseln das Tempo und gehen (damit steigt natürlich die Belastung für den Hund!).

Wichtig: Er sollte sich nicht angewöhnen, wenn Sie langsamer werden, ebenfalls das Tempo zu reduzieren, das heißt, Zug rauszunehmen! Falls dies der Fall ist, unterbrechen Sie und lassen den Hund lieber frei laufen.
Möglicherweise muss in diesem Trainingsstadium nochmals an der Motivation des Hundes nachgearbeitet werden. Dazu greifen Sie ruhig erneut zum vorne beschriebenen Jagdritual. Nur wer konstant zieht, macht Beute!

Vierte Woche
Gesamttrainingszeit 30 Minuten pro Einheit, Strecke 4 bis 5 km.
Wenn es Ihre Kondition nun erlaubt, laufen Sie mit Hund unter Zuglast (LUZL) 30 Minuten durch. Wer hätte das gedacht?
Feiern Sie diesen Erfolg gemeinsam

Ab der **fünften Woche** steigern Sie die Strecke: Bauen Sie Steigungen und erneut Intervalle ein.

Falls Sie mit einem Fahrzeug trainieren, ist nun der Zeitpunkt gekommen, umzusteigen: Ihr Hund ist der Belastung, mehr Gewicht zu ziehen, gewachsen, und Sie können Ihn gut unterstützen.

Ab der sechsten Woche
Überprüfen Sie immer wieder erneut Ihre Zielsetzung: Ein 10-km-Lauf im Gelände oder mehr?

Nun sollten Sie sich einen „menschlichen" Trainingsplan, der zu Ihnen passt, als Grundlage nehmen und die gemeinsame Lauffreude genießen.
Inzwischen finden Sie sogar in vielen Läuferforen den Hinweis auf das gemeinsame Laufen mit Hund. Bei zahlreichen Stadtläufen kann man auch mit Hund teilnehmen, es gibt mancherorts sogar eine spezielle Hundeklasse oder Hundeläufe. Achten Sie hier auf die Ausschreibung des Laufes.
Falls Sie an einem normalen Geländemarathon oder Ähnlichem starten, gilt: Nehmen Sie Rücksicht! Achten Sie darauf, einen guten Eindruck zu hinterlassen, wir wollen Vorbild sein!
Vor allem beim Start stellen Sie sich hinten auf und achten Sie darauf, dass Ihr Hund bzw. die Jöringleine niemanden behindert.

TIPP

Je kleiner und familiärer die Veranstaltung ist, desto landschaftlich schöner ist häufig die Strecke und desto unkomplizierter ist meist auch die Mitnahme des Hundes.

Ihre Trainingsdokumentation

Mittels GPS-Fahrradcomputer lässt sich heute jeder Streckenverlauf am Computer zu Hause dokumentieren und auswerten. Wer ernsthaft trainieren möchte, ist demnach mit dem Kauf eines solchen GPS-Systems gut beraten. Viele Streckenverläufe finden sich im Internet in den Foren mit GPS-Koordinaten. Suchen

Sie nach Strecken für Trail Running oder auch Mountainbike Trails. Das bringt viel Abwechslung in den Trainingsalltag und Sie können die Anforderungen der Strecke schon zu Hause gezielt auswählen.

Ein Doppelgespann mit zwei Australian Shepherds im Training.

Manchmal ist es trotzdem noch praktisch, ganz altmodisch eine handschriftlich ausgefüllte Tabelle zu benutzen. Damit halten Sie folgende Fakten schnell und einfach fest:

- Welches Team
- Datum und Uhrzeit
- Wetterdaten
- Streckendaten und -länge
- GPS-Daten
- Bemerkungen zur Strecke wie Länge, Schwierigkeitsgrad, Steigungen, Beschaffenheit des Untergrundes
- Tempo und Laufrhythmus, Durchschnitts- und Höchstgeschwindigkeit
- Kondition und andere Befindlichkeiten von Hund/Mensch
- Unvorhergesehene Überraschungen, z. B. Begegnungen mit anderen Hunden oder Wild, Strecke überschwemmt usw.
- Was sollte heute geübt werden?
- Hat das geklappt?
- Super war heute ...
- Was möchte ich als Nächstes üben und wie?

Das Fahren oder Laufen mit zwei Hunden

Heutzutage zählen oft mehrere Hunde zur Familie. Damit alle gleichermaßen auf ihre Kosten kommen, ist es natürlich am einfachsten, alle Hunde gleichzeitig zu bewegen. Die unterschiedlichen Anspannmöglichkeiten wurden schon beschrieben. Diese gelten natürlich nur, wenn beide Hunde den Anforderungen Ihres Trainings gewachsen sind.
Hier noch ein paar Praxistipps bei ungleichen Gespannen.

Groß und Klein

Wenn die Größe der Hunde durch entsprechende Anspannung ausgeglichen werden kann, spricht nichts dagegen, auch kleine Powerpakete einzuspannen. Manchmal allerdings ist der Größenunterschied zu groß, dann haben Sie folgende Möglichkeiten:

Der kleinere junge Teddy ist am Zuggeschirr vorne mit einer Neckline am großen Finley festgemacht und läuft ohne Zuglast mit.

Hier übernimmt der „neue" Hund schon einen Teil der Zuglast.

- Den kleineren Hund ohne Zug einzuspannen, vorausgesetzt, er kann das Tempo mithalten.
- Nach einer gewissen Zeit den kleineren Hund im Hunderucksack oder Fahrradkorb für Hunde mitzunehmen.
- Generell den Hundefahrradanhänger zu benutzen. Dann sehen Sie zwar endgültig nach Wanderzirkus aus, aber inzwischen dürfte Sie die Meinung anderer über Ihr Outfit ohnehin kalt lassen.
- Den kleineren Hund an der lockeren Leine nebenher oder frei laufen zu lassen. Letzteres setzt voraus, dass Sie ihm nicht davonfahren und dass er abrufbar ist.

Jung und Alt

Zum Junghundetraining gibt es für Sie keinen besseren Co-Trainer als einen älteren bereits ausgebildeten, souveränen Hund. Dieser darf anfangs ruhig (auch aufgrund seines Alters) etwas langsamer sein. Für Unruhe sorgt ja der „Youngster" zu Genüge. Hilfreich ist auch, wenn Sie dem „Alten" beigebracht haben, sich stark an Ihnen zu orientieren und vor allem Ruhe zu bewahren, egal was passiert. Beispiel: Der Kleine verheddert sich während des Laufs in den Leinen und sie müssen scharf bremsen. Der Große dreht sich sofort nach Ihnen um, befolgt Ihr „Steh"-Signal und hält diese Position, solange Sie das Leinenchaos entwirren und den Jungen wieder an seinen Platz stellen. Ähnliches gilt natürlich, wenn sie einen „neuen Hund" anlernen, unabhängig welchen Alters.

Zughundesport für Kinder

Der Umgang und die Gegenwart eines Hundes steigern die Lebensfreude bekanntermaßen bei Menschen jeden Alters. Vor allem Kinder haben das Bedürfnis nach Naturnähe und der Verbindung mit Tieren. Nicht von ungefähr steht bei vielen Kindern ein Hund nahezu auf jedem Wunschzettel zu Weihnachten.
Vom Laufhundesport profitieren auch Kinder, die in der eigenen Familie keinen Hund haben, da sie vom Verein oder der Zughundeschule einen tierischen Partner an die Seite gestellt bekommen.
Beim Training verbinden sich Kind und Hund zu einem Team auf eine ganz besondere Art und Weise. Kinder erleben den Hund dabei noch viel intuitiver als Erwachsene und als Teil der Natur. Der Hund wird zum Türöffner zur eigenen inneren Wildnis.
Für viele Kinder und Jugendliche gibt es also kaum einen besseren Grund, um an die frische Luft zu gehen, als einen Hund, denn das ist jedes Mal ein kleines Abenteuer.

Die pädagogische, ja oft heilende Wirkung von Tieren ist inzwischen unumstritten. Die Auslastung in der Natur ermöglicht es Kindern, wieder zu sich selbst zu finden, weil sie auf Leistungsdruck verzichtet, im Gegensatz zum strukturierten und oft leistungsorientierten Sportunterricht. Dieser macht zwar müde, aber nicht unbedingt entspannter.

Die Aussicht darauf, den Hund nun nicht nur „Gassi führen zu müssen", sondern als lebenden Teampartner einzusetzen, motiviert zusätzlich vor allem auch Jugendliche. So verlassen sie gern die virtuelle Welt zwischen Fernseher und sozialen Medien. Sie erleben live und „zum Anfassen", wie viel ursprüngliche Freude es macht, sich draußen gemeinsam zu bewegen. Beim Training mit dem eigenen Hund brauchen Kinder, je nach Alter, die Unterstützung von Erwachsenen, am besten von den Eltern, die den Hund bereits ausgebildet haben. Das bedeutet, Zughundesport wird zum

Mit diesem Sport werden Kind und Hund zu einem Dream-Team.

Mit Hund macht es wieder viel mehr Spaß, sich draußen in der „realen Welt“ zu bewegen ... und es schweißt zusammen.

Familien-Event, das alle noch enger zusammenschweißt.
Sorgfältig angeleitet entwickeln Kinder schnell ein Gespür für ihre psychischen und physischen Grenzen und auch für die des Hundes.

Vorteile für Kinder beim Laufen mit dem Hund:

- Lernen von Verantwortungsgefühl.
- Selbstbewusstsein wird gestärkt.
- Hund an der Seite als Trainer, Helfer, Motivator und Beschützer.
- Der hohe Bewegungsdrang von Kindern wird befriedigt.
- Sämtliche gesundheitlichen Vorzüge eines vergleichbaren Ausdauersports.
- Naturerlebnis und neues Verständnis von Teamwork.
- Entwicklung guter sozialer Fähigkeiten.
- Lernen von Empathie.
- Raus aus der Isolation virtueller Medien.
- Verbesserung von Vertrauen in andere (stellvertretend hierfür den Hund), Zuwendung zu einem anderen Lebewesen.
- Aufbau sozialer Kompetenz.

Voraussetzungen und Praxistipps

Hier geht es nun nicht um die eigene Sicherheit, sondern Sie übernehmen zusätzlich die Verantwortung für zwei: Hund und Kind. Aus diesem Grund sind die folgenden Empfehlungen ein Muss!

Wenn Kinder mit Hunden laufen oder fahren,

- muss der Hund gut ausgebildet sein und ist im Idealfall schon älter als drei Jahre, ruhig, erfahren und kinderlieb.
- muss das Kind dem Hund kräftemäßig gewachsen sein oder es läuft in Begleitung eines Erwachsenen, der beide sichert (zweite Jöringleine oder Reißleine am Panicsnap).
- muss das Kind mit dem Hund vertraut sein und umgekehrt.
- muss das Kind mindestens sechs Jahre alt sein.
- muss mit dem Kind, wie in jeder anderen Sportart auch, geübt und trainiert werden, vor allem anfangs sämtliche Bewegungs- und Balanceübungen.
- muss das Kind den Hund auch nach dem Lauf betreuen.
- muss ein Sicherheitstraining absolviert werden.
- muss eine Überforderung des Kindes (Streckenlänge) vermieden werden.

Verena kann durch die zusätzliche Sicherung am Panicsnap (Leine in Pink) Phil jederzeit von Aristo trennen. So lernt Phil, mit dem stärkeren Zug des Hundes umzugehen.

Das Kind muss den Hund auch nach dem Training versorgen.

Veranstaltungen für Kinder gibt es mittlerweile auch schon, oft als Kinderklassen im Rahmen von Rennen für Erwachsene. Es macht Kindern Spaß sich zu messen. Und es ist sehr cool, wenn man am Montag in der Schule erzählen kann, dass man einen Trail gelaufen ist!

Bei vielen Veranstaltungen werden spezielle Läufe auch für Kinder angeboten.

Chefsache – Führen und Folgen

Immer wieder werde ich gefragt, ob die Führungsposition des Hundes beim Zughundesport ihm nicht versehentlich auch die Führungsposition im Alltag zuweist. Nach dem Motto: „Wer vorne geht, ist der Chef." Ein Einwand, der, je nach Hund-Mensch-Konstellation, seine Berechtigung hat. Ich möchte in diesem Kapitel einige Tipps geben, wie Sie zunächst Ihre Führungsposition überprüfen und gegebenenfalls ausbauen können.

Wenn Sie von Ihrem Hund erwarten, dass dieser Ihnen mit Respekt begegnet, bedeutet das im Umkehrschluss: Sie müssen sich diesen erst einmal verdienen und nicht etwa mit Leckerli oder Ähnlichem erkaufen. Alles, was Sie dazu benötigen, sehen Sie jeden Morgen im Spiegel: sich selbst!

Das soziale Wesen Ihres Hundes ist Fluch und Segen zugleich. Meistens ist uns nicht bewusst, dass für unseren Vierbeiner klare Strukturen ebenso lebenswichtig sind wie Futter und Zuwendung. Dies nimmt Sie als Besitzer stärker in die Verantwortung, als es zunächst den Anschein hat. Es bedeutet, bei aller Liebe Regeln aufzustellen, Grenzen zu setzen und diese auch einzufordern. Denn Regeln garantieren auch Sicherheit (stellen Sie sich einmal eine befahrene Kreuzung ohne Verkehrsregeln vor). Letzten Endes ist das Leben mit Regeln in vielen Fällen sogar einfacher und bequemer, besonders dann, wenn ein „Chef" die

Führen bedeutet: Sie wissen, was Sie wollen – und werden auch dementsprechend wahrgenommen.

Verantwortung und Führung übernimmt. Indem wir unseren Hunden, meist gut gemeint, oft zu viele Freiräume zugestehen, drängen wir sie in eine ungewollte Führungsposition. Diese falsch interpretierte oder missverstandene Liebe zum Hund hat oft psychische (Problemverhalten entstehen) oder langfristig sogar gesundheitliche Folgen.

Mit Führungspersönlichkeit ist nun allerdings nicht mehr die Position des dominanten Rudelführers und Alphas gemeint. Dieses traditionelle Bild ist zwar nicht ganz falsch, aber ich möchte es an dieser Stelle behutsam korrigieren. Heutzutage verstehen wir in der Verhaltenstherapie die Alpha-Rolle dynamisch und situativ angepasst. Ein wahrer Alpha übernimmt die Führung und die Verantwortung, er bietet Orientierung und gewährt Freiraum gleichermaßen.

Stellen Sie sich demnach einen Rudelführer wie einen König im Märchen vor: Er sorgt sich um das Wohl seiner Untertanen und regiert umsichtig und gütig, wenn auch mit klaren Gesetzen. Und wenn es einen Anlass zur Freude gibt, feiert er mit allen gemeinsam auf dem Fest (Rollenverteilung wechselt).

Es gibt Menschen, die strahlen eine natürliche Autorität aus, ohne sich bemühen zu müssen. Falls Sie zu jenen gehören, können Sie getrost dieses Kapitel überspringen. Falls nicht, stellen Sie sich bitte folgende Frage: Sind Sie bereit, Ihren Hund wirklich zu führen?

Überprüfen Sie hierzu außerdem:

- Ihre Körperhaltung: Stimmt Sie mit Ihrer inneren Haltung überein?
- Ihre Erwartung gegenüber Ihrem Hund: Nehmen Sie ihn als Hund wahr oder überfordern bzw. vermenschlichen Sie ihn manchmal?
- Ihre Kommunikation: Haben Sie ihm schon einmal deutlich gemacht, was Sie von ihm erwarten und wie?
- Die Aufmerksamkeit Ihres Hundes, Ihnen gegenüber und umgekehrt.
- Ihre Authentizität: Sagen Sie wirklich, was Sie meinen?
- Ihre Souveränität: Kann sich Ihr Hund auf Sie verlassen?

Aufmerksamkeit und Respekt

Die Grundlage eines jeden Trainings ist, dass Ihr Hund auf Sie achtet und umgekehrt! Ähnlich wie beim Telefonieren muss Ihr Gesprächspartner das Gespräch zunächst annehmen, bevor Sie miteinander kommunizieren können. In ruhiger Lernatmosphäre muss diese Aufmerksamkeit außerdem durch gegenseitigen Respekt und Vertrauen gekennzeichnet sein.

Wenn Ihr Hund aufmerksam ist, zeigt er dies durch eine Ihnen (und nicht einem Leckerli) zugewandte Körperhaltung, meistens gekoppelt mit Blickkontakt.

TIPP

Hunde, die aufgrund schlechter Erfahrungen ängstlich sind, meiden den Blickkontakt oft. Bitte gehen Sie dann besonders behutsam vor und bestehen nicht darauf. Hunde, die eher aggressiv reagieren, könnten sich provoziert fühlen und angreifen – bestehen Sie auch hier nicht auf einen gehaltenen Blick. Eine respektvolle Körperhaltung genügt vollkommen!

Und was ist mit Ihnen? Als Hundeführer ist es wichtig,

- konzentriert und in Balance zu sein.
- die innere Haltung zur bevorstehenden Übung zu überprüfen. Wo sind Ihre Gedanken, wie ist Ihre Tagesform?
- gezielt und planvoll zu handeln.
- kaum auf den Hund zu achten, dieser soll sich nach Ihnen richten.

Freiraum zulassen und eingrenzen

Freiraum zu genießen ist eine Ressource, die im Training sehr oft vernachlässigt oder sogar gar nicht als solche wahrgenommen wird. Sie denken nun vielleicht: Der arme Hund soll doch ohne Leine frei laufen und Hund sein dürfen. In der Welt des Hundes ist dies aber gleichbedeutend mit:

- Machen zu dürfen, was immer er möchte, eben auch Dinge, die er nicht sollte, z. B. fremde Menschen anspringen oder Fahrräder jagen.
- Sich nicht an seinem Menschen orientieren zu müssen.
- Keine Aufgabe zu bekommen und sich dann notgedrungen mit sich selbst beschäftigen zu müssen.
- Langeweile.
- Gehen zu dürfen, wohin er möchte.

So haben Sie das gar nicht gemeint? Es kommt noch schlimmer, denn das fatalste Missverständnis von allen, das hierbei entsteht, ist:
Aus Sicht des Hundes erweisen Sie sich, weil Sie ständig nach ihm schauen und sich um ihn bemühen, vielleicht auch noch rufen, nicht als guter Rudelführer.
Im Gegenteil: Ihr Hund glaubt, er müsse die Führung übernehmen, weil Sie sich an ihm orientieren. Damit drängen wir ihm die Rolle des Chefs auf, die er in den seltensten Fällen anstrebt!
In dieser Konstellation treten dann unweigerlich Probleme auf, denn: Mit der Führungsrolle überfordert macht der Hund naturgemäß „Fehler". Wir müssen dann mühsam korrigieren, statt bereits vorausschauend einzugreifen.
Zudem bedeutet, führen zu müssen, ein permanent höheres Stresslevel. Ihr Hund wird immer nervöser und seine Reaktionen sind von Mal zu Mal impulsiver. Meist

reagieren Sie dann ebenfalls mit mehr Druck – die Spirale der zu hohen Erregung auch im Alltag hat begonnen. Es passieren immer mehr unliebsame Überraschungen und plötzlich haben Sie einen Problemhund!

Das Einhalten von Grenzen ist oft effektiver, als Freiräume zuzulassen und dann ein Abbruch- oder Rückrufkommando zu brüllen, das der Hund in der Regel nicht mehr wahrnimmt.

Ein Beispiel: Im Welpenalter darf sich der Hund nahezu uneingeschränkt bewegen, wenn er aber älter und dem ersten Jogger nachgerannt ist, stellt sich die Frage nach einem passenden Abbruchkommando. Viel besser, weil für den Hund klarer, ist es, Räume von vornherein einzugrenzen.

Praxisübung: Führen und Folgen

Das einzige Hilfsmittel, das Sie für dieses Training brauchen, ist die Aufmerksamkeit Ihres Hundes.

WARNUNG!

Setzen Sie diese Übung niemals ein, wenn Sie einen Hund haben, der auf körperliches Begrenzen möglicherweise mit vorwärts gerichteter Aggression reagiert.

Lernziel

- Sie kontrollieren den Raum, in dem sich Ihr Hund bewegen darf – nicht den Hund selbst!
- Sie haben die Führungsposition und übernehmen die damit verbundene Verantwortung.
- Sie verdeutlichen dies, indem Sie vor dem Hund laufen.
- Sie bieten Orientierung und Sicherheit durch Regeln.
- Kurz: Sie sind der König (mit vierbeinigem Gefolge).

Vorbereitung

Ihr Übungsterrain ist dafür ein nach beiden Seiten klar abgegrenzter Weg (Zaun, Mauer, Waldweg).
Der Hund ist am Führgeschirr oder breitem Halsband und an einer nicht allzu langen Schleppleine (3 bis 5 m). Diese dient ausschließlich dem Sichern des Hundes, nicht zum Führen.

Es gilt der Grundsatz: Finger weg von der Leine, am besten Sie stecken die Hände in die Hosentaschen. Um alte Gewohnheiten auszuschließen und um „Handarbeit“ wie z.B. einen Leinenruck zu vermeiden, befestigen Sie die Leine am Canicross-Gürtel.

Ziel

Ihr Hund darf sich hinter Ihnen nahezu frei bewegen (anfangs im Radius, den die Schleppleine eingrenzt, später frei). Überholen allerdings darf er nicht!
Der Raum vor Ihnen wird kontrolliert und ist tabu! Stellen Sie sich eine Lichtschranke auf Höhe Ihrer Knie vor, diese darf der Hund nicht durchbrechen. Hier ist die klare Grenze!

Schritt 1

Stellen Sie sich so auf, dass Ihr Vierbeiner hinter Ihnen steht. Wenden Sie ihm den Rücken zu, richten Sie sich auf, setzen Sie sich „Ihre Krone" auf und schreiten Sie los. Dabei ist es wichtig, dass Sie kein Signalwort sagen. Ihre Körpersprache soll als Signal dienen. Bewegen Sie sich also zielgerichtet und selbstsicher. Ihre gesamte Ausstrahlung ist die des guten Königs, ohne bedrohlich zu wirken.

Schritt 2

Je nach Temperament wird Ihr Hund versuchen, sich an Ihnen vorbei zu drängeln, darauf müssen Sie gefasst sein. Sobald Ihr Hund die gedachte Lichtschranke durchbricht, drehen Sie sich sofort zu ihm um, blockieren ihn und drängen ihn zurück – ohne Signalwort, ohne Schimpfen und mit möglichst wenig Körperkontakt, sondern allein mithilfe Ihrer klaren Körpersprache und der majestätischen inneren und äußeren Haltung.

Lassen Sie anfangs nicht locker, bis Ihr Hund deutlich zurückgewichen ist. Achten Sie auf Beschwichtigungssignale wie Züngeln, Blinzeln, Kopf-Abwenden oder Ähnliches und reagieren Sie sofort darauf, indem Sie Ihren Druck verringern!

Schritt 3

Wenn der Hund verstanden hat, dass er Respekt zeigt und Abstand halten muss, nehmen Sie sofort den Druck vollkommen weg, drehen sich wieder um und setzen Ihren Weg ruhig fort. Nicht loben, nicht locken! In völliger Sicherheit, dass Ihr Hund Ihnen folgt (notfalls ist er ja an der Leine), gehen Sie weiter.
Es ist unerheblich, auf welcher Seite und in welchem Abstand Ihr Hund hinter Ihnen geht, er soll lediglich hinter Ihnen bleiben.

Sobald der Hund die unsichtbare Grenze überschreitet, wird er mit möglichst wenig Körperkontakt ermahnt.

„Bei Fuß“ gehen muss er auch nicht, viele Hunde tun dies trotzdem. Es ist eine ihnen bekannte (bereits erlernte) Position, die Sicherheit bietet. Sie entscheiden selbst, ob Sie dies zulassen oder ob Ihr Hund noch weiter hinten gehen soll.

Meistens braucht es nur wenige Wiederholungen, bis Ihr Hund Folgendes verstanden hat:

- Hinten habe ich meine Ruhe und meinen Freiraum.
- Der oder die da vorne weiß, wo’s langgeht (also kann ich hier hinten allen meinen Bedürfnissen nachgehen – eigentlich prima).

Dann können Sie die Übungseinheit beenden.

Bitte achten Sie auch beim Auflösen, also beim Abschließen der Übung, auf deutliche Körpersignale:

- Hund ansprechen, Blickkontakt abwarten.
- Gegebenenfalls Karabiner der Leine lösen.
- Körper seitlich zum Hund drehen (sich schmal machen).
- Hund freigeben: „Lauf“ und vorbeiwinken oder Ähnliches.

Auch ein ausgelassenes Spielen (ganz ohne Leistungserwartung) mit dem Hund ist nach einer solchen Übungseinheit entspannend für beide.
Ziel dieser Übung ist es vor allem, Ihre Führungsposition klar darzustellen, und zwar für Sie selbst und für den Hund. Nach einigen erfolgreichen Übungseinheiten von Schritt 1 bis 3 können Sie folgendermaßen erweitern:

Vielen Hunden gibt das „Bei-Fuß-Gehen“ Sicherheit, es ist aber in dem Fall nicht notwendig.

Schritt 4
Sie führen nun ein Signalwort, z. B. „Hinten gehen“, ein. Stets wichtiger als das gesprochene Wort ist bei dieser Übung Ihre Körperhaltung. Diese müssen Sie beibehalten, weil sie der Spiegel Ihrer inneren Haltung ist.

Schritt 5
Üben Sie ohne Bauchgurt. Der Hund ist nur noch durch die Schleppleine gesichert, diese schleift nun auf dem Boden.

Schritt 6
Der Hund läuft nun ganz ohne Leine. Er bewegt sich frei hinter Ihnen und bleibt dort – auch wenn ein Jogger entgegenkommt.

Vorteile im Alltag, denn ein Hund der hinten bleiben kann,

- erkennt leichter andere Grenzen und vor allem Ihre Führungsposition an.
- zeigt sich auch anderen Menschen gegenüber respektvoll.
- kann bald ohne Leinensicherung hinten gehen.
- kann dadurch viel Freilauf (hinten) genießen.
- kann neben bzw. hinter dem Fahrrad gehen mit und ohne Leine.
- ist dann, wenn es doch mal sein muss, leinenführig!

Vorteile in der Verhaltenstherapie, denn ein Hund der hinten bleiben kann,

- stürmt nicht distanzlos nach vorne und kann stattdessen ein Alternativverhalten lernen bzw. zeigen.

Nach vorne zu drängen, ist einleitender Bestandteil von zahlreichen Problemverhalten wie Leinenaggression gegen Menschen oder andere Hunde, Verbellen von Passanten am Zaun und Jagdverhalten bei Joggern, Radfahrern usw. Meist handelt es sich dabei um Verhaltensketten.

Das Führen-und-Folgen-Training gibt Ihnen die Möglichkeit, oben genannte Begegnungen souverän zu steuern. Da Sie – und nicht der Hund – den Raum vor sich kontrollieren! Auf diese Weise können Sie sogar entscheiden, welches (Alternativ-)Verhalten gezeigt und belohnt wird.
Damit ist Ihr Ziel erreicht! Sie übernehmen die Führungsrolle und Ihr Hund ist die Verantwortung wieder los, die er ohnehin nie haben wollte!

Vorteile auf dem Trail

An steilen Passagen bergab, auf Schlamm- und Schotterpisten und vor allem immer dann, wenn Ihr Bauchgefühl „mulmig" signalisiert, müssen Sie den Lauf unterbrechen. Dann sollte Ihr Hund trotz Rennfiebers Impulskontrolle zeigen können, den Zug nachlassen und hinter Ihnen gehen.
Im sogenannten Freerunning (Training mit frei laufendem Hund) folgt Ihnen der Hund am Rad auch in höherem Tempo. Das erfordert von Ihm eine große Feinabstimmung; er hat Sie dabei ständig im Blick, auch wenn es nicht so aussieht.

Vorteile für Sie persönlich

Diese Übung dient dazu, die persönliche Wahrnehmung Ihrer inneren Haltung und Ihrer Körperhaltung zu schulen. Entdecken Sie den Zusammenhang zwischen

EIN TEAM SEIN

Ziel des Zughundesports ist es, auf dem Trail mit dem Hund ein Team zu sein. Dies bedeutet, dass Sie die Mitarbeit der Hunde schätzen, fördern und auch selbstverständlich honorieren und dennoch die Führung behalten.

Innen und Außen. In erster Linie Sie selbst, aber auch andere Menschen nehmen Ihr verändertes Ich wahr und reagieren entsprechend.

Leinenführigkeit

Im Alltag gibt es immer wieder Situationen, in denen Ihr Hund angeleint werden muss, selbst dann, wenn er Ihnen noch so gut folgt. Dann erwarten Sie, dass er sich Ihrem Tempo anpasst, meist an Ihrer linken Seite geht und die Leine locker durchhängt.

Das „Bei-Fuß-Gehen“ haben Sie mit Ihrem Vierbeiner in der Hundeschule oder im Verein erlernt und meist vielfach geübt. Hier darf er nie an der Leine ziehen! Diese Gehorsamsübung ist, rein verhaltensbiologisch betrachtet, aus Sicht des Hundes eine große Leistung. Sich gehemmt durch Signalwort („Fuß“) und Leine dem jeweiligen Tempo eines Sozialpartners anzupassen, entspricht nicht dem naturgegebenen Verhaltensmuster eines Hundes. Das bei vielen Hunden auf längere Sicht entstehende Frustgefühl ist vergleichbar wie bei Menschen, die mit einem Ferrari im Stau stehen. Es steckt also viel Übungsfleiß dahinter, wenn ein Hund an lockerer Leine gehen kann.

Daher ist die immer wieder gestellte Frage **„Schadet Zughundetraining der guten Leinenführigkeit?“** sehr verständlich und berechtigt.
Die Antwort kann gleichermaßen Ja und Nein lauten.

Ja gilt, wenn Sie das Zughundetraining nicht konsequent genug vorbereiten. An den entsprechenden Handlungen Ihrerseits erkennt Ihr Hund, was Sie vorhaben, wenn Sie mit Ihm raus gehen. Dies beginnt oft bereits dann, wenn er beobachtet, welche Jacke Sie tragen. Vor allem ausschlaggebend ist das Zuggeschirr. Konsequent nur dann angelegt, wenn auch tatsächlich gezogen werden darf, und auch wieder sofort nach dem Training abgenommen, begrenzt es die Zugarbeit für den Hund sehr klar. Ähnlich wie bei Dienst-, Such- oder Blindenführhunden, die durch das Anlegen des Geschirrs signalisiert bekommen, nun „im Dienst“ und damit auch in der Verantwortung zu sein.

Nein gilt, wenn Sie das Geschirr konsequent abnehmen. Ihr Hund ist durchaus in der Lage, unterschiedliche „Outfits“ verschiedenen Bereichen zuzuordnen, besonders dann, wenn Zuggeschirr, breites Halsband und normales Führgeschirr sich deutlich unterscheiden.

Ihr Hund „kennt“ ein breites, gepolstertes Halsband; dies bedeutet locker lassen und ordentlich nebenher oder hinten gehen.
Im Zuggeschirr darf gerannt und gezogen werden. Diese klare und stete Abgrenzung sorgt für korrekte Umsetzung beim Hund.

Auf dem Heimweg: zwei Hunde an lockerer Leine, zwei im Freerunning und hinten.

Zuggeschirr aus = Power off
Zuggeschirr an = Power on
Das Halsband bleibt auch mit Zuggeschirr dran.

Fazit: Wie so oft bei der Arbeit mit unseren Hunden liegt es an Ihnen! Daher lautet die eindeutige Antwort: Nein, Zughundetraining schadet der Leinenführigkeit nicht! Inkonsequenz dagegen schon. Ein ausgeglichener Hund, der rennen durfte, kann danach auch besser an lockerer Leine gehen.

Zughundetraining für Hunde mit Problemverhalten

Sicher werden Sie selbst bereits erkannt haben, wie sehr Zughundetraining Ihre „Be-Ziehung" zum Hund verwandelt hat – und dies scheinbar ganz nebenbei und ohne Zaubertrick.

Bei vielen verhaltenstherapeutischen Fragen und Problemverhalten lautet mein Ansatz zur Behandlung daher sehr oft: Wir lassen den Hund erst mal laufen.
Da Sie dieses Buch bis hierher gelesen haben, wissen Sie, dass sich hinter dieser so simpel klingenden Empfehlung eine ganze Menge Arbeit verbirgt, in erster Linie getragen von einem gegenseitigen Lern- und Entwicklungsprozess. Dieser beginnt damit, die Natur des Hundes und seine Bedürfnisse zu erkennen und zu respektieren.

Ihr Hund bekommt plötzlich nicht nur mehr Auslauf, sondern vor allem eine Aufgabe! Genau dafür nämlich hat der Mensch ihn vor Jahrtausenden zu sich in die Höhle geholt, als Helfer bei vielen (über-)lebenswichtigen Aufgaben. Und in diesem Sinne möchte der moderne Familienhund auch heute noch verstanden werden und nicht als Seelentröster, Kind- oder Partnerersatz oder gar als modisches Accessoire.
Beim Zughundetraining wird der Hund zum Teampartner, der Ihnen hilft, Leistungen zu erbringen, die Sie allein möglicherweise nicht meistern würden. Und vor allem: Er wird von Ihnen anders wahr- und vielleicht erstmalig auch ernst genommen!
Sich aufeinander verlassen zu können, anspruchsvolle Aufgaben während des Trails zu meistern und am Ende gemeinsam das erkämpfte Ziel zu erreichen, schweißt zusammen wie kaum ein anderer Hundesport – vor allem aus der Perspektive des Hundes, denn Sie interessieren sich plötzlich auch für Dinge, die von einem Hundehirn nur als wichtig beurteilt werden können: Die (Hetz-)Jagd mit Ihnen als Anführer – für den Hund gibt es kaum etwas Logischeres.

Die Tatsache, dass der Hund sich dabei im hohen Erregungslevel bzw. auch in Stresssituationen bewegt, diese aber im Team und mithilfe seines Menschen bewältigen kann, hat für viele Problemhunde bereits große therapeutische Wirkung. Sie lernen den Umgang mit Stress, die Problemlösung und den Stressabbau. Diese Strategie, übertragen ins tägliche Zusammenleben, ermöglicht einen entspannten Alltag, sodass sich oft weitere Trainingsmaßnahmen erübrigen und Verhaltensauffälligkeiten wie von selbst verschwinden.
Bei der Ausbildung Ihres Hundes zum Zughund verbringen Sie automatisch viele Stunden gemeinsam auf dieser „Jagd“. Sie meistern Schwierigkeiten und Herausforderungen und erleben ganz sicher viele Überraschungen. Sie entdecken Fähigkeiten an sich selbst und Ihrem Hund, die bisher im Verborgenen geschlummert haben. Sie verlassen sich aufeinander, wachsen aneinander und über sich hinaus.

Nun endlich kommt ein neues oder besser uraltes Band der Liebe zum Vorschein: Der Hund war und ist, durch alle Zeiten, an unserer Seite! Immer!

Durch die gemeinsamen Aktivitäten wächst das Vertrauen. Dieser Blick sagt alles!

Die Entspannung auf Signal

In allen Stresssituationen, die im Laufe eines Hundelebens im Alltag und im Training entstehen können, ist ein Ritual zum „Runterfahren" ebenso wichtig wie das vorangegangene Training (siehe auch Cool-down Seite 57f.).
Das sehen wir immer wieder ganz besonders bei jungen, lebhaften bzw. schnell erregbaren Hunden. In dem Fall hilft ein konditioniertes Entspannungssignal.

Training eines konditionierten Entspannungssignals

Entspannung ist das Gegenstück zu Erregung und deswegen muss auch Ihr Training beide Teile in gleicher Weise beinhalten. Leider wird Entspannungstraining noch viel zu oft vernachlässigt oder gar als „Hundeyoga" belächelt. Diese Folgen sind dann oft im Hundeschulalltag sichtbar.
Mittels klassischer Konditionierung koppeln wir Entspannung und das damit verbundene gute Körpergefühl an ein Signal. Dieses kann dann in für den Hund erregenden Situationen gegeben werden und ihm dabei helfen, schneller wieder zur Ruhe zu kommen.
Wichtig beim Einführen des Signals ist es, ganz von vorne zu beginnen, also bereits auf der Ebene der Verhaltensentstehung einzugreifen. Selbstverständlich wird der Hund, auch wenn das Signal perfekt etabliert ist, nicht umgehend in den Tiefschlaf fallen. Ein konditioniertes Entspannungssignal soll ihm helfen, aus seiner zu hohen Erregung herauszufinden. Damit kann er in den bewusst gesteuerten Teil des Gehirns „umschalten" und entsprechend handeln. Er ist dann auch wieder ansprechbar und kann Alternativverhalten zeigen oder umgelenkt werden.

Vorbereitung

Zunächst suchen Sie sich ein oder mehrere Signale, die zu Ihnen passen. Diese Signale können Sie einzeln einsetzen oder beliebig kombinieren.

- Ein **Wort** (wie ein ruhig gesprochenes Ommmm, Hoooho, Momo, Paaaause oder so ähnlich) ist praktisch, weil es immer und überall einsetzbar ist. Außerdem sind wir Menschen es gewohnt, unsere Hunde über Worte „zu steuern".

Das Anziehen eines Hundemantels kann auch für Entspannung sorgen.

- Ein **taktiles Signal** (z.B. Hundemantel überziehen) hat den Vorteil, dass es über längeren Zeitraum hinweg funktioniert (während einer Ausstellung oder einer Wartezeit beim Tierarzt, wenn der Hund sich in fremder, für ihn stressender Umgebung bewegt). Sanfte Berührungen, Streicheln und Massagen eignen sich ebenfalls.
- **Kauen und Nagen:** Bieten Sie Ihrem Hund entsprechendes Kauspielzeug, einen Ochsenziemer oder einen gefüllten Kong an. Beim Outdoor-Training sind Futtertuben, die ausgeschleckt werden dürfen, zur Entspannung hilfreich.
- **Geruchliche Signale** (ätherisches Öl, verdünnt auf einem Halstuch) sind für den Hund am besten einzuordnen – schließlich ist die Welt der Gerüche sein Zuhause. Bitte verwenden Sie immer naturreine ätherische Duftöle, wie z.B. Lavendel, Jasmin oder Rose, die mit neutralem Öl wie Oliven- oder Sonnenblumenöl verdünnt sind (1:20, ein Tropfen Duft auf 20 Tropfen neutrales Öl).
- **Ein vertrauter Platz** wie die Liegedecke oder noch besser die Hundebox, die der Hund als Schlafhöhle kennt, helfen überall dort zu entspannen, wo der Hund fremd ist und zur Ruhe kommen soll. Genau genommen hat das Höhlentier Hund nur darauf gewartet, dass Sie ihm wieder eine Kuscheloase anbieten. Wichtig: Eine Hundebox ist kein Käfig, auch wenn sie mal geschlossen werden kann. Das ist sehr praktisch in Hotelzimmern, im Urlaub oder in Seminarräumen.

Übung mit Wortsignal

Dies setzt eine gute Beobachtungsgabe Ihrerseits voraus: Denn das Signal wird von Ihnen immer dann gegeben, wenn Ihr Hund von sich aus beginnt sich zu entspannen. Sie sprechen dann das Signalwort auf die Handlung des Hundes sozusagen „drauf“. Diese Verknüpfung erfolgt von selbst und wird so ganz klassisch konditioniert.

In ihrer Schlafhöhle fühlen sich Hunde immer sicher und geborgen.

Beispiele: sich wohlig strecken (Verbeugen), sich eine Schlafstelle scharren, sich einrollen oder auf die Seite legen, beginnen zu schlafen, ein warmes Plätzchen in der Sonne oder vor dem Kamin aufsuchen, tief ausatmen, abschütteln von Stress, gähnen usw. Zur Unterstützung können Sie ein Halstuch oder Ähnliches mit Entspannungsduft in die Nähe des Schlafplatzes legen, aber anfangs noch nicht anziehen. Später wird auch das Anziehen des Dufttuches zum taktilen Signal für Entspannung.

Übung mit taktilem Signal und Unterstützung des Menschen

Voraussetzung hierfür ist, dass sich Ihr Hund gern von Ihnen anfassen lässt oder zumindest mit Ihnen auf Tuchfühlung geht. Das ist keine Selbstverständlichkeit, besonders erwachsene Hunde schätzen Streicheleinheiten nicht immer im gleichen Maß, wie wir Menschen dies vermeintlich glauben!

Angenehme Berührungen aktivieren im Nervensystem den Teil, der für Ruhe und Erholung zuständig ist. Außerdem beginnt der Körper nun, das sogenannte Kuschelhormon Oxytocin auszuschütten.
Geeignet sind langsames Streicheln (am besten im eigenen Atemrhythmus), ruhige Massagen oder auch lediglich die Hände aufzulegen. Auch gemeinsames Einkuscheln und Kontaktliegen mögen viele Hunde. Alles was wohlig entspannt, ist erlaubt.
Auf diesem Wege regen Sie die Oxytocin-Ausschüttung an, senken im Gegenzug die der Stresshormone Cortisol, Adrenalin und Noradrenalin und regeln so das Erregungslevel. Der Blutzuckerspiegel sinkt, die Muskeln werden weniger durchblutet, Atemfrequenz und Herzschlag verlangsamen sich, der gesamte Organismus entspannt sich.

Am besten ist es, wenn Sie nun beide Übungen miteinander kombinieren können: Bevor Sie Ihren Hund langsam streicheln und sich vielleicht zu ihm setzen, sagen Sie das Signalwort. Dann streicheln und massieren Sie ihn und wiederholen das Wort mit beruhigender Stimme.
Wenn Sie Entspannung trainieren möchten, passiert idealerweise auch in Ihrem Alltag nichts mehr für den Hund Beruhigendes ohne vorangegangenes Entspannungssignal.

Je öfter Sie ab sofort ein Entspannungssignal mit etwas für den Hund Beruhigendem verbinden und einsetzen können, umso besser ist der Lernerfolg. Es erfordert viele Wiederholungen, bis sich das „wohlige Gefühl" im Kleinhirn festgesetzt hat. Dann allerdings ist es nicht mehr oder nur sehr schwer wieder zu löschen.

Viele Reiter in meinem Bekanntenkreis haben mir bestätigt, dass bei Pferden diese Techniken selbstverständlich, unabdingbar und traditionell eingesetzt werden. Hier denkt kaum mehr jemand bewusst darüber nach – warum nicht auch so beim Hund?

Durch die richtigen Streicheleinheiten entspannt sich der ganze Körper.

TIPP

Auch bereits eingeführte Entspannungssignale müssen, wie der Akku Ihres Handys, immer wieder neu geladen werden. Nur dann funktionieren sie auch zuverlässig bei starker Erregung, z. B. am Start oder während bzw. nach einem Rennen.

Gründe für Entspannung

Das Verhalten, das wir am Hund bemerken, ist immer nur die sogenannte Spitze des Eisbergs. Wenn er an dieser Spitze des Eisbergs angelangt ist, ist es für ein Eingreifen, welches das Verhalten beeinflussen könnte, häufig zu spät.
Die innerlich stattfindenden Prozesse wie der Anstieg des Stresshormonspiegels, die entsprechenden Reaktionen des Nervensystems, die erhöhte Herzschlagfrequenz, eine erhöhte Blutmenge in der Muskulatur usw. nehmen wir erst dann wahr, wenn sie ihre Spitze erreicht haben – dann leider meist in Form von unerwünschtem Verhalten. Deshalb ist es wichtig, präventiv Entspannung zu etablieren.

Da Aufregung und Stress ihren Ursprung im autonomen Nervensystem haben, bedeutet dies: Sie können nicht bewusst gesteuert werden, wenn der Prozess „Erregung" einmal in Gang gesetzt wurde. Deshalb können Sie Entspannung nur erreichen, wenn Sie an der Basis für Erregung arbeiten, dort wo Verhalten entsteht. Bildlich gesprochen: Sie versuchen den Nerven Ihres Hundes generell ein dickeres Mäntelchen zu geben, damit der Prozess Erregung erst gar nicht in Gang kommt. Anders ausgedrückt: Ein Hund, der gelernt hat zu entspannen, geht gelassener durchs Leben. Auch bei zeitweise hoher Belastung bleibt er ansprechbar und lenkbar und kommt nach einer Belastung schneller wieder auf Normalmaß.
Entscheidender Faktor ist das Entspannungstraining immer bei der Arbeit an Problemverhalten. Dem liegt meistens ein zu hohes Erregungslevel zugrunde, ohne dass der Hund die in unseren Augen problematische Verhaltensweise überhaupt nicht zeigen würde.
Vergleichbare, rein emotional gesteuerte Reaktionen kennt jeder von sich selbst: Befinden wir uns von vornherein stark im Stress oder in einer hohen Belastungssituation, brennen auch bei uns Menschen schon mal schneller sämtliche Sicherungen durch. Was diese Redeweise bildlich ausdrückt: Auch wir denken und handeln in diesem Fall nicht mehr im bewussten und steuerbaren Teil des Gehirns, sondern rein impulsiv wie ferngesteuert.
Um in den steuerbaren Teil „zurückzuschalten", hilft es, einmal tief durchzuatmen und mindestens bis zehn zu zählen. So funktionierte bewusste Entspannung per Ritual.

Auch der Hund reagiert bei starker Erregung ausschließlich in tief verankerten Verhaltensmustern, die landläufig auch als Instinkthandlungen bezeichnet werden und manchmal überlebenswichtig sind. Daher sind sie meist sehr heftig und kaum zu unterbrechen. Ihr Hund kann in diesem Zustand die von Ihnen gegebenen Signale nicht mehr wahrnehmen, geschweige denn ausführen. Selbstverständlich ist er so auch nicht in der Lage etwas zu lernen.
Erst wenn es Ihnen gelingt, mittels gegebenem Signal das Erregungslevel etwas zu senken, bewegt sich der Kippschalter im Hundehirn von unbewusster Steuerung zu bewusster Steuerung und Ihr Hund ist wieder in der Lage, Ihre Signale wahrzunehmen. Gemeinsam können Sie nun am Alternativverhalten bzw. einer Problemlösung arbeiten. Training und Lernen sind wieder möglich.

Entspannungstraining ist also viel mehr als Hundeyoga, weil

- Sie auf Dauer den gesamten Organismus positiv beeinflussen.
- sämtliche Körperreaktionen auf neuronaler, hormoneller und muskulärer Ebene positiv verändert werden, auch wenn Sie dies meistens nicht direkt wahrnehmen können.
- Ihr Hund insgesamt weniger stressanfällig ist und gelassener durchs Leben geht; auch Langzeitfolgen von permanentem Stress wie z.B. Erkrankungen des Magen-Darm-Trakts oder Allergien bleiben aus.
- Sie das Grunderregungslevel Ihres Hundes auf diese Weise dauerhaft senken können; das macht auch den Alltag leichter.
- im entspannten Zustand viele Auslöser, die Ihren Hund möglicherweise bisher zu instinktgesteuerten heftigen Reaktionen (z.B. Aggressionsverhalten) veranlasst haben, ganz anders wahrgenommen und bewertet werden.
- Sie auf dieser Basis gemeinsam Alternativverhalten und Problemlösungen entwickeln. Das stärkt das Selbstbewusstsein besonders bei angstmotiviertem Verhalten.
- Sie im Training in der Lage sind, mittels konditioniertem Entspannungssignal die Erregung des Hundes, und sei es auch nur minimal, zu senken, bleibt er ansprechbar und kann mit Ihnen zusammenarbeiten bzw. lernen.
- der Kippschalter im Hundehirn auf Dauer immer stabiler und länger im Bereich der bewussten Steuerung bleibt. Sie können dadurch immer anspruchsvoller mit ihm arbeiten.
- Entspannung als körperlicher Zustand trainierbar ist.
- Entspannung immer der Gegenpol zur Erregung bzw. Stress ist.
- die Entspannung selbst bzw. das damit verbundene Wohlgefühl bereits sehr belohnend sein kann und bei Fortgeschrittenen auch als Belohnung eingesetzt wird. Meistens entspannt der Mensch gleichermaßen, das verändert natürlich auf Dauer die von Ihnen ausgestrahlte Energie und Ihre Perspektive auf so manche Dinge.

Mit Ihnen als souveränen und entspannten Hundeführer wird Ihr Hund alle Hürden nehmen, auf dem Trail und im Alltag

Summertime-Blues

Was macht der Zughund im Sommer? Die vereinfachte Antwort lautet: Leichtes Training, am besten in den kühlen Morgenstunden oder auch mal nachts. Falls Sie nicht allein laufen möchten, suchen Sie im Internet nach Nachtläufen in Ihrer Region und erkundigen Sie sich, ob dabei Hunde erlaubt sind. In einen Sommersonnenaufgang hineinzulaufen ist ein tolles Erlebnis, erst recht mit Hund!
Außerdem können Sie gern auf andere Hundesportarten bzw. Beschäftigungsmöglichkeiten ausweichen; diese sollten Ihren Hund vor allem geistig auslasten, aber auch Ihnen Freude bereiten, wie z.B. Nasenarbeit, Geocaching mit Hund oder Mantrailing. Auch Abenteuerspaziergänge querfeldein, im schattigen Wald (bitte an der Schleppleine, wenn nötig) oder Wanderausflüge in die kühlen Höhenlagen der Berge bereichern das Sommerprogramm.

Im Profibereich setzt sich mehr und mehr durch, die tierischen Athleten auch im Sommer durch leichtes spielerisches Training fit zu halten. Dazu gehören: Schwimmen, Radfahren ohne Zug (für Hunde, die frei am Rad laufen können) oder Ballspiele. Die Erhaltung einer Grundfitness außerhalb der Saison macht in jedem Sport Sinn – völlig unabhängig davon, auf welchem Leistungsniveau Sie sich befinden. Eine Sommerpause hingegen ist weder gesundheitlich noch mental wertvoll. Jeder Sportler kennt das Gefühl der Unruhe und Unausgeglichenheit, wenn er nicht trainieren kann. Ihrem Hund geht es da nicht anders.

Im Sommer muss der Hund bei allen Aktivitäten regelmäßig die Möglichkeit zum Abkühlen haben.

Eine Bergwanderung ist auch im Sommer eine willkommene Abwechslung und Training zugleich.

Selbstverständlich müssen Sie beim Training im Sommer noch gewissenhafter auf erste Anzeichen der Überhitzung achten. Asphaltierte Streckenabschnitte heizen sich schnell auf und sollten daher möglichst ganz gemieden werden. Besser ist die Streckenauswahl entlang eines Baches oder mit anderen Möglichkeiten der Abkühlung.

Diese muss gewährleistet sein, ebenso die Mitnahme von Trinkwasser. Achten Sie zudem auf ein möglichst gekühltes Auto für den Nachhauseweg.

Wenn nicht gerade ein Jahrhundertsommer mit zehn Wochen andauernden 30 °C ansteht, findet sich mit Kreativität und gutem Willen immer eine Möglichkeit, mit Hund Spaß an der Bewegung zu haben.

Tierschutz und Rechtliches

Bei diesem Kapitels habe ich mich schwer getan wie nie zuvor beim Schreiben dieses Buches: Wie weist man auf Dinge hin, die für mich so selbstverständlich sind, dass es sich erübrigt, sie nach meinem persönlichen Ermessen zu erwähnen?

Nur zur Vollständigkeit: Wie in allen anderen Sportarten auch verbietet sich der Einsatz von Doping und Tierquälerei. Bei näherer Betrachtung wird deutlich: Die meisten Musher leben nicht von, sondern für ihre Hunde. Offizielle, vor allem große Rennveranstaltungen haben dennoch immer wieder den Ruf der Tierquälerei.

Hier möchte ich raten, sich nächstes Mal vorab grundlegend zu informieren, denn offizielle Rennen bzw. deren Ausrichter, die Verbände, haben strengste Vorgaben und eine ganz klare Tierschutzverordnung, die eingehalten werden muss. Der sogenannte Vet-Check (Untersuchung eines jeden Hundes von einem Tierarzt) vor, während und nach dem Rennen ist für jeden Musher Pflicht!

Tierschutzgesetz:
§ 3
Es ist verboten,

1. *einem Tier außer in Notfällen Leistungen abzuverlangen, denen es wegen seines Zustandes offensichtlich nicht gewachsen ist oder die offensichtlich seine Kräfte übersteigen,*

1a. *einem Tier, an dem Eingriffe und Behandlungen vorgenommen worden sind, die einen leistungsmindernden körperlichen Zustand verdecken, Leistungen abzuverlangen, denen es wegen seines körperlichen Zustandes nicht gewachsen ist,*

1b. *an einem Tier im Training oder bei sportlichen Wettkämpfen oder ähnlichen Veranstaltungen Maßnahmen, die mit erheblichen Schmerzen, Leiden oder Schäden verbunden sind und die die Leistungsfähigkeit von Tieren beeinflussen können, sowie an einem Tier bei sportlichen Wettkämpfen oder ähnlichen Veranstaltungen Dopingmittel anzuwenden,*

Im Freizeitbereich und im Profibereich der Snow- und Off-Snow-Varianten hingegen sieht man meiner Erfahrung nach keinen Sportler, der seine Hunde nicht entsprechend gut behandelt – im Gegenteil. Auch hier ist die Verbindung Hund und Mensch wie in anderen Hundesportarten meist extrem innig. Man kann sie fast schon als wertvolle Symbiose bezeichnen; die daraus resultierenden Leistungen sind dementsprechend. Einen solchen Kameraden behandelt niemand schlecht! Die Fürsorge und Sorgfalt, mit der der Hund bedacht wird, sind sogar oft außergewöhnlich!

Beim Hundesport wie hier beim Canicross ist die Bindung zwischen Mensch und Hund meistens sehr innig.

Rücksichtnahme – so geht man mit gutem Beispiel voran.

Wie bereits weiter vorne im Buch erwähnt, ist Zug- oder Laufhundesport sogar ein Schritt in die eine gute Richtung, nämlich den Hund als gleichberechtigten Teampartner und Lauftier ernst zu nehmen. Beides entspricht seiner Natur und ist daher angewandter Tierschutz in Reinform.

Recht

Bei Schuldfragen und Streitigkeiten nach einem Unfall, bei dem Dritte beteiligt waren oder gar zu Schaden gekommen sind, oder wenn Sie vorhaben, eine eigene Veranstaltung zu organisieren, verweise ich an dieser Stelle gern darauf, sich professionellen juristischen Rat einzuholen.

Im privaten Bereich besteht rechtlich gesehen für jeden Hundehalter die Tierhalterhaftung und jeder muss daher eine entsprechende Haftpflichtversicherung nachweisen können. Dennoch ist die beste Versicherung diejenige, die Sie nicht in Anspruch nehmen müssen.

Daher gilt, wenn Sie sich mit Ihrem Gespann, wie auch immer dieses letztendlich aussieht, bewegen: Vorausschau und Rücksichtnahme auf alle anderen „Verkehrsteilnehmer“ und die Natur, in der Sie sich bewegen, sind wichtig. Am besten gehen Sie allen möglichen Schwierigkeiten im wahrsten Sinne des Wortes „aus dem Weg“. Bitte rechnen Sie immer damit, dass entgegenkommende Personen oder andere Hunde sich nicht in angemessener Weise verhalten. Allein die Geschwindigkeit, mit der Sie sich bewegen, ist für viele nicht nachvollziehbar, die Reaktion, wenn überhaupt, dementsprechend verzögert. Bitte bedenken Sie dies, wenn Sie im Training zum nächsten Sprint ansetzen.

Falls es jedoch trotzdem zu einem Unfall kommt, bei dem Sie oder andere zu Schaden kommen, wird bei Schadensansprüchen die Rechtslage in der Regel im Einzelfall geprüft und sie werden meistens aufgeteilt. Auch wenn Ihnen dies „ungerecht“ erscheint, ist es oft der juristisch korrekte Weg. Aber keine Angst, Sie sind als Zughundehalter auch keineswegs „automatisch und immer“ an allem Schuld. Dennoch sollten Sie einen Schaden nicht provozieren. Wenn z.B. Ihre Hunde zwar unter Kontrolle sind, Sie aber erkennen können, dass ein anderer Hundehalter „kämpft“, drosseln Sie das Tempo und warten Sie mit gut erzogenem Team die Begegnung ab oder führen Sie langsam Ihre Hunde vorbei. Abgesehen von der persönlichen Genugtuung, die sich in eben diesen Momenten unweigerlich in Ihnen breitmacht, sind Sie auf diese Weise Vorbild und Aushängeschild für diesen wunderbaren Sport.

Zum guten Ende ...

... freue ich mich, darüber, dass Sie mir bis zur letzten Seite die Treue gehalten haben. Das Buch hat „seitenweise“ nun beinahe wissenschaftliche Formen angenommen. Als Schlusswort wähle ich daher als den wichtigsten Rat Folgendes: Wenn Sie und Ihr Hund Freude am Zughundesport gefunden haben, intuitive Richtigmacher und Naturtalente sind und es einfach „läuft“ – dann ist alles erlaubt, solange Sie dabei auf sich selbst und Ihren Hund achtgeben.

Keep on Running!

Anhang

Anmerkung zu den Bildern

Um Übungssituationen für Sie gut in Szene zu setzen, enthält das Buch zum Teil gestellte Fotos. Daher der Hinweis: Wir versuchen immer **nicht** auf Asphalt zu fahren. Auf manchen Bildern können Sie sehen, dass die Hunde mit hängender oder gar eingezogener Rute stehen.

Dies hat folgende Gründe:

- Da die Zugleine über den Rücken bzw. die Schwanzwurzel des Hundes gespannt ist, weichen die Hunde mit der Rute einfach aus, das scheint bequemer.
- Die Hunde stehen in Startposition mit angespannter Hinterhandmuskulatur, in dieser Haltung ist es besonders bei einer hoch angesetzten Ringelrute (Husky) oder einer tief angesetzten Windhundrute (Ridgeback) aus rein anatomischen Gründen mit „Aufwand“ verbunden, die Rute oben zu halten. Das spart sich der Hund meist. Beim ersten Galoppsprung löst sich diese Anspannung.

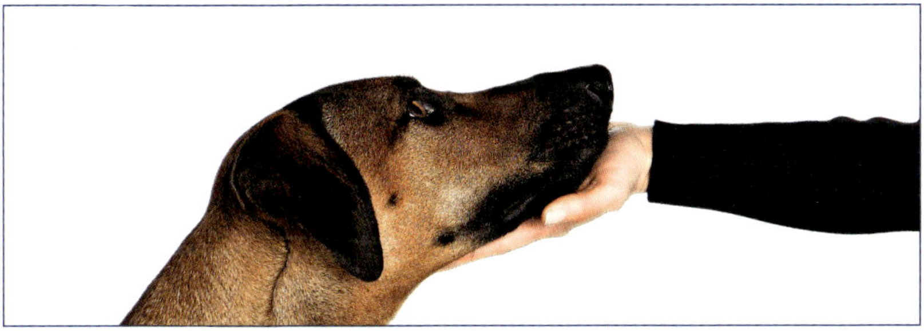

Danke

An dieser Stelle bedanke ich mich bei allen, die zu der Entstehung dieses Buches beigetragen haben:

Meinem Mann Thomas – du bist die Liebe meines Lebens.
Imani, meiner souveränen Leaderin in allen Lebenslagen.
Sampo und Nanouk, den nordischen „Gästen" in meinem kleinen Team und ihren Besitzerinnen, die mir ihre Hunde immer wieder anvertrauen.
Haider Knall und seinen Hunden Skip und Draco, die uns das Laufen gelehrt haben.
Meinem Vater, der sich tapfer durch alle Manuskripte gelesen und diese verbessert hat.
Susanne Funk für unzählige Korrekturstunden am Telefon und ihrem Welpen Amani, der so lange Ruhe gegeben hat.
Karolin Kleinmaier, die mir den Rücken freihält.
Uwe Radant für die spontane Zusage, Fotos, fachliche Unterstützung und den Kaffee in Todtmoos.
Petra Ruge für die Begeisterung und den Vertrauensvorschuss.
Harald Kreuzer, Pfotenfotographie.at, Mirjam und Markus Platzbecker, Cathrin Wiartalla, Judith Federmann für viele Bilder von Trainingssituationen und den verschiedensten Rennen.
Verena und Carmen von Dog Connection mit ihrem kunterbunten (Zug)-Hunderudel.
Allen anderen menschlichen und tierischen Models, vor allem Michael Oppel mit seinen Huskymädels und den Kindern Carla und Phil mit ihren Hunden Wonca und Lilly – das war ganz großer Sport!
Oliver Hallmaier, der die Herausforderungen zu fotografieren immer wieder perfekt und geduldig umgesetzt hat.
Melanie Broos für die fachliche Korrektur und Ergänzung im Bereich Tierphysiotheraphie.
Birgit Hammer für ihren Rat als Freundin und Tierärztin.
Anja Carmen Müller, die den entscheidenden Impuls gegeben hat, dieses Buch überhaupt zu schreiben.
Michael Ruopp, der mir mit seinem Rat für die BM Seminare geholfen hat.
Allen weiteren zahlreichen Wegbereitern, aus denen oftmals Wegbegleiter und Freunde wurden.

Begriffslexikon

Apportieren: Das Zurückbringen eines vom Menschen zuvor ausgelegten oder geworfenen Gegenstands (aus Holz, Stoff oder Hartgummi), auch Apportel oder Dummy genannt.
BARF (Bone and Raw food): Die Rohfütterung, sehr naturnahe Fütterung des Hundes bestehend aus rohem Fleisch, Gemüse, Früchten und rohen Knochen möglichst getreidefrei.
Bikeschlupf: Befestigung des Panicsnaps am Fahrradlenker.
Bootie: Hundeschuh zum Schutz der Pfoten. Aus verschiedenen Materialen je nach Einsatzgebiet. Werden immer paarig angeboten, das heißt für beide Vorder- oder beide Hinterpfoten oder auch alle vier. Das Bootie darf nicht zu weit sein, sonst verliert es der Hund beim Laufen schnell, und es sollte so angezogen werden, dass die entstehende Falte nicht unter der Sohle liegt.
Caniden: Begriff aus der zoologischen Klassifizierung der Säugetiere „Familie der Hundeartigen".
Canicross-Gürtel: Bauchgurt für den Zughundesport.
Domestizierung oder **Domestikation:** Ein innerartlicher Veränderungsprozess von Wildtieren oder -pflanzen, der diese durch den Menschen über Generationen aufgrund von Zucht und Auslese zum Haustier oder zur Nutzpflanze verändert werden. Vom Wolf zum Hund.
Dog Biathlon: Spaßwettbewerb, bei dem nach dem Vorbild des Biathlons mit dem Lasergewehr geschossen und Runden mit dem Hund gelaufen werden müssen.
Dog Trekking/Hiking: Touren gehen mit Hund meist in den Bergen; im Unterschied zum Wandern hilft hier der angespannte Hund bei der Bewältigung von Steigungen mit, manchmal trägt er auch einen Hunderucksack.
Doghandler: Helfer, u. a. beim Start, hilft im Training, versorgt die Hunde und kümmert sich während Langstreckenrennen auch oft um alle sonstigen Belange von Musher und Hunden.
Fokussierung: Die möglichst ungeteilte Aufmerksamkeit und Konzentration auf wenige Dinge, alles andere ausblenden.
Führgeschirr: Übliches (Alltags-)Geschirr für Hunde.
Freerunning: Freilauf des Hundes neben dem Fahrrad oder Scooter.
Fédération Cynologique Internationale, kurz **FCI:** Der größte kynologische Dachverband. Die FCI dient gemäß ihren Statuten dem Zweck, die Zucht und Verwendung von Hunderassen festzulegen sowie die Kynologie und das Wohlergehen der Hunde weltweit zu fördern.
Husky: Der Name Husky leitet sich vom Spitznamen Eski ab, der den Eskimos und damit auch ihren Hunden gegeben wurde. Ursprünglich also einfach die Bezeichnung für Hund.
Interaktion: Das wechselseitig aufeinander bezogene Handeln (hier: von Hund und Mensch).
Iron Dog: Beim Iron Dog geht es wie beim hinlänglich bekannten „Iron Man" darum, eine bestimmte Strecke zu schwimmen, anschließend Rad zu fahren und

dann eine weitere Distanz laufend zurückzulegen, selbstverständlich immer unterstützt und begleitet von seinem Hund. Dies ist für die teilnehmenden zwei- und vierbeinigen Athleten nicht nur konditionell, sondern auch sportmotorisch sehr anspruchsvoll und erfordert intensiven vorbereitenden Trainingseinsatz.

ICE (In Case of Emergency) oder **IN (im Notfall):** Unter diesem Namen sollte man jene Person eintragen, welche im Notfall durch Rettung, Polizei, Feuerwehr oder Erste Hilfe anzurufen ist. Sind mehrere Personen zu kontaktieren, gibt man ICE1, ICE2, ICE3 (oder IN1, IN2, IN3) usw. ein.

Jack London: Schriftsteller (1876 bis 1916) schrieb die bekannten Abenteuerromane „Ruf der Wildnis" und „Wolfsblut", die vom harten Leben von Mensch und Tier während des Goldrauschs in Alaska erzählen.

Kickslegde: Ein Scooter auf einem Ski, in skandinavischen Ländern gern auch ohne Hund als Fortbewegungsmittel genutzt.

Konditionieren: Bedeutet, wir verankern über zahlreiche erfolgreiche Wiederholungen eine Handlungsweise im unbewussten Teil der Gehirns, die Verknüpfung Reiz – Folge findet dann automatisch statt (Beispiel: Sie hören ein Lied im Radio – und plötzlich fallt Ihnen diese Strandbar vom letzten Sommerurlaub wieder ein, in der dieser Song ständig zu hören war). An diese Erinnerung gekoppelt sind immer auch Emotionen, gute oder weniger gute. Daher ist Lernen über Konditionieren so nachhaltig.

Kynologie: Die Lehre aller Bereiche rund um den Hund (Rassen, Zucht, Pflege, Verhalten, Erziehung und Krankheiten).

Lernen über Konditionierung: Ist manchmal auch das Schnell-Lernprogramm der Evolution. Je nach Bedeutung des Reizes genügt ein einziges Mal (die Erfahrung eines Autounfalls, der Jagderfolg eines Hundes), um sich für immer einzuprägen. Die Reaktion des Gehirns und Körpers auf den Reiz = Auslöser erfolgt jedes Mal in gleicher Wiese ohne unser Zutun.

Kong: Ein Spielzeug aus Hartgummi, das man mit Futter füllen kann. Es eignet sich gut zur beruhigenden Beschäftigung des Hundes.

Leader: Leithund, ihm vertrauen und folgen die anderen Hunde und auch der Musher. Manchmal gibt es innerhalb eines Teams Leader für verschiedene Aufgaben (Speed/Command usw.); je nach Anforderung des Trails wird die Anspannung der Hunde variiert.

LUZL: Abkürzung für Laufen unter Zuglast.

Musher: Fachausdruck für einen Menschen, der einen Hundeschlitten lenkt, möglicherweise leitet sich das Wort vom französischen „marcher" = laufen ab. Das erklärt, dass Musher sich nicht nur ziehen lassen, sondern oft nebenher laufen und die Hunde immer aktiv unterstützen.

Mush with P.R.I.D.E.: Providing Responsible Information on a Dog's Environment, zu Deutsch etwa die „Verbreitung kompetenter Informationen über die Haltung von Schlittenhunden". Ein Wortspiel also; den Mushern (Schlittenhundesportlern) ist es jedoch sehr ernst dabei und sie sind stolz, sich für einen verantwortungsbewussten Umgang mit ihrem Partner Hund einzusetzen.

Mäuselsprung: Kann man bei Katzen, Hunden und Füchsen auf der Jagd nach Mäusen beobachten.
Panicsnap: Verbindungskarabiner, der im Notfall schnell und mit einem Ruck von der Zugleine bzw. dem Hund zu lösen ist.
Skike: Mischung aus Skatingski und Inlineskates, wird mit Stöcken ähnlich wie Skatingski gefahren; perfektes Sommertrainingsgerät für alle Skijörer.
Stage out: Fahrerlager beim Hundeschlittenrennen.
Trumler: Eberhard Trumler war ein österreichischer Verhaltensforscher. Er gilt als der Nestor der Kynologie im deutschsprachigen Raum.
Trail: Strecke oder Weg, ursprünglich schmaler Trampelpfad im Gelände.
Team dogs/Swing dogs: Hunde, die vor dem Schlitten bei langen Gespannen an verschiedenen Positionen eingespannt werden.
Wheel dogs: Hunde, die direkt vor dem Schlitten angespannt sind; sie sind meist die Kräftigsten, da sie in Kurven die Fliehkräfte des Schlittens ausgleichen müssen.
Selbstbelohnend: Ein Verhalten, das allein durch die Tatsache, dass es ausgeführt werden darf, bereits für den Hund eine Belohnung darstellt. Meist sind Verhaltensweisen, die der Erhaltung der Art dienen, von der Natur als „selbstbelohnend" angelegt (Nahrungserwerb, Jagd und Fortpflanzung). Hinzu kommt meist eine Ausschüttung von Glückshormonen während der Tätigkeit; diese verstärkt das Verhalten zusätzlich. Es wird in der Konsequenz immer öfter, besser und länger gezeigt.
Theraband: Dehnbares Gummiband aus der Physiotherapie, eingesetzt für verschiedene Übungen zum Muskelaufbau wie beim Menschen.
Thermoregulation: Ausgleich des Wärmehaushalts durch Schwitzen/Hecheln oder Frieren/Muskelzittern.
Wässern: So wird unter Mushern das Versorgen der Hunde mit Wasser bezeichnet.
Weigh Pulling: Lastenziehen, ein besonderer Wettbewerb unten der Schlittenhundesportarten.
Wolfskralle: Auch Afterkralle oder Afterzehe genannt, ist eine bei manchen Rassen vorkommende erste Zehe an der Innenseite der Hinterläufe, die beim Laufen keinen Bodenkontakt hat. Obwohl es der Name vermuten lässt, haben Wölfe diese Wolfskralle nicht.
Zug-/Laufgeschirr: Spezielles Geschirr für den Zughundesport

Links

Dog's College
Rottenburg
Hundeschule-Verhaltenstraining-Zughundesport

www.dogs-college.com

www.hadhis-dog-trike-scooter.de
Petra Ruge, Hadhi Dog Trike: Scooter und Trikes (hand) made in Germany

www.uwe-radant.com
Uwe Radant: Equipment, Futter und Zubehör vom Weltmeister

www.Pfotenphotografie.at
Harald Kreuzer

www.ssbw.de
Schlittenhundesportverein Baden Württemberg (SSBW)

www.vdsv.de
Dachverband in Deutschland VDSV

www.sledgedogsport.net
Internationaler Schlittenhundeverband (IFFS)

www.atn-ag.ch
Akademie für Tiernaturheilkunde, Schweiz (ATN)

www.atm.de
Akademie für Tiernaturheilkunde, Deutschland (ATM)